全国中等职业技术学校机械类通用

模具钳工工艺与技能训练（第二版）习题册

中国劳动社会保障出版社

简介

本习题册是全国中等职业技术学校机械类通用教材《模具钳工工艺与技能训练（第二版）》的配套用书。本习题册紧扣教学要求，按照教材章节顺序编排，知识点分布均衡，题型丰富多样，难易配置适当，有助于学生复习巩固所学知识。

本习题册由赵孔祥主编，刘伟佳、扈子杨、刘坤参加编写。

图书在版编目(CIP)数据

模具钳工工艺与技能训练（第二版）习题册/赵孔祥主编. --北京：中国劳动社会保障出版社，2018

全国中等职业技术学校机械类通用

ISBN 978－7－5167－3405－6

Ⅰ. ①模… Ⅱ. ①赵… Ⅲ. ①模具－钳工－中等专业学校－习题集 Ⅳ. ①TG76－44

中国版本图书馆 CIP 数据核字（2018）第 062428 号

中国劳动社会保障出版社出版发行

（北京市惠新东街 1 号　邮政编码：100029）

*

三河市华骏印务包装有限公司印刷装订　新华书店经销

787 毫米×1092 毫米　16 开本　7.75 印张　182 千字

2018 年 4 月第 1 版　2021 年12月第 2 次印刷

定价：14.00 元

读者服务部电话：（010）64929211/84209101/64921644

营销中心电话：（010）64962347

出版社网址：http://www.class.com.cn

http://jg.class.com.cn

目　录

第一单元　模具钳工基础知识

课题一　模具制造基础知识

一、填空题（将正确答案填写在横线上）

1. 模具是工业生产的基础工艺装备，应用范围十分广泛，被称为“______________”。它在很大程度上决定着产品的________、________以及新产品的开发能力，决定着一个国家制造业的国际竞争力。

2. 模具制造的生产过程和其他工业产品一样，都是指由__________开始，经过加工转变为________的过程。

3. 模具钳工是以手工操作为主，主要从事______________生产的工种。其工作任务：使用各种工具、量具、刃具及辅助设备，对模具进行______________、________________、________________等，以保证模具正常使用。

4. 目前，《中华人民共和国职业分类大典（2015 年版）》将钳工划分为______________、______________、______________等，共设五个等级，分别为初级（国家职业资格五级）、________（国家职业资格四级）、________（国家职业资格三级）、________（国家职业资格二级）、高级技师（国家职业资格一级）。

5. 作为从事模具制造的专业人员，应具有强烈的责任感和使命感，要不断地学习__________、__________、__________和新设备知识。

二、判断题（正确的打“√”，错误的打“×”）

1. 模具钳工不但应掌握模具的装配与调试、安装与修理等相关知识和技能，还应具备熟练的钳工基本操作技能。（　　）

2. 建立完善的质量管理体系和检测手段是提高模具精度的有效途径。（　　）

3. 模具钳工工艺与技能训练课程与其他相关课程联系密切，是知识的综合运用。（　　）

4. 模具加工正在向机械化、精密化和自动化方向发展。（　　）

5. 随着高精度、高自动化、多功能、高效率的先进设备不断涌现，要求模具钳工具有更准、更快、更强的分析判断能力，扎实的理论基础，丰富的专业知识和高超的操作技能。（　　）

三、简答题

1. 模具制造有什么生产特点？

2. 影响模具精度的主要因素有哪些？

3. 模具钳工的工作任务是什么？

4. 模具钳工应掌握哪些知识和技能？

课题二　模具钳工现场管理

一、填空题（将正确答案填写在横线上）

1. 复杂、大型模具装配和调试前，在制定工艺方案的同时，必须制定相应的________措施。

2. 使用电动工具前，应检查__________________，同时应戴上______________并穿上________。使用手持照明灯时，电压必须低于________。

3. "6S"由日本企业的"5S"发展而来，是指在生产现场中对________、________、材料、方法等生产要素进行有效的管理。

二、判断题（正确的打“√”，错误的打“×”）

1. 模具钳工的工作场地应满足安全文明生产和提高生产效率的总要求。（ ）

2. 高空作业时，为提高工作效率，对较小的工具或零件可上下投递。（ ）

3. 模具安装、调试或修理时，如需要多人操作，必须有专人指挥，密切配合。（ ）

4. 模具钳工要牢固树立“安全第一，质量第一”的意识，养成良好的安全文明生产习惯。（ ）

5. 使用的工、量具应分类依次整齐摆放。常用的工、量具应放在工作位置附近，可以放在钳工工作台的边缘处以方便取用。精密量具要检验后使用，轻取轻放，用后擦净并涂油保护。工具在工具箱内应固定良好、整齐安放。（ ）

6. 整顿是对停滞物的管理，重点是区分要与不要的东西，现场不需要的东西坚决清除，做到生产现场无不用之物。（ ）

7. 培养现场作业人员遵守现场规章制度的习惯，提高人员的素质，这是6S管理的核心。（ ）

三、简答题

1. 对模具钳工的工作场地有哪些要求？

2. 模具钳工应遵守哪些安全文明生产要求？

3. 简述6S管理的基本内容。

4. 企业实行6S管理的目的是什么？

第二单元　模具钳工常用测量器具

课题一　长度测量器具

一、填空题（将正确答案填写在横线上）

1. 根据国家标准《几何量测量器具术语　产品术语》（GB/T 17164—2008）以及测量器具的用途和特点，测量器具分为________测量器具、________测量器具、______________测量器具、__________________测量器具、________测量器具、________测量器具以及其他测量器具七大类。

2. 长度测量器具包括________类、________类、__________类和指示表类等。

3. 塞规是一种________测量器具，它不能读出被测工件的________________，但是能判断被测工件的尺寸是否________。

4. 当用塞规检验工件时，如果________能通过，________不能通过，说明这个工件尺寸是合格的。

5. 塞尺是指具有准确厚度尺寸的单片或成组的薄片，是用于检验________的实物量具。

6. 游标卡尺具有结构________、使用方便、精度________及测量尺寸范围____等特点，可用来测量工件的外径、内径、长度、宽度、厚度、深度和孔距等，是一种应用较为广泛的常用量具。

7. 游标卡尺按其结构和用途的不同分类，除普通游标卡尺外，还有________________游标卡尺、____________游标卡尺、________________游标卡尺和________游标卡尺等。

8. 分度值是测量器具所能直接读出示值的最小单位量值，它反映了该测量器具的______________高低。对于数显测量器具则用____________表示。

9. 读取游标卡尺上的示值时一般分三步，即______________，__________________，__________________。

10. 外径千分尺是一种较________量具，用来测量加工精度要求________的零件。

11. 外径千分尺在固定套管的基准线两侧分别有两排标记，标有数字的一排间距为1 mm，另一排为每毫米标记的中分线，即上、下两相邻标记的间距为____ mm。在微分筒圆锥面的圆周上有____个等分标记。由于外径千分尺测微螺杆的螺距为____ mm，因此若微分筒旋转1/50周（转过1格），则测微螺杆移动的轴向距离为____ mm。

12. 外径千分尺的测量面应保持干净，使用前应______________。不能用外径千分尺测量________或________的工件。

二、判断题（正确的打“√”，错误的打“×”）

1. 不能用游标卡尺测量铸、锻件毛坯尺寸，但可以用游标卡尺测量精度要求很高的

工件。（　　）

2. 圆柱直径具有被检孔径下极限尺寸的为孔用止规。（　　）

3. 使用塞尺时可用一片或数片重叠插入间隙，以稍感拖滞为宜。（　　）

4. 允许用塞尺测量温度较高的零件，但测量时动作要轻，不允许硬插。（　　）

5. 读取示值时，游标卡尺置于水平位置，视线垂直于卡尺标记表面，避免因视线歪斜而造成视差。（　　）

6. 微视差游标卡尺将主标尺标记表面与游标尺标记表面制作在同一平面内，以便减小制造误差。（　　）

三、选择题（将正确答案的代号填入括号内）

1. 测量范围为 0 ~ 150 mm、分度值为 0.02 mm 的游标卡尺，其外测量的最大允许误差为（　　）mm。

A. 0.02　　B. ±0.02　　C. ±0.03

2. 图 2—1—1 所示游标卡尺的读数为（　　）mm。

A. 6.26　　B. 60.26　　C. 62.6

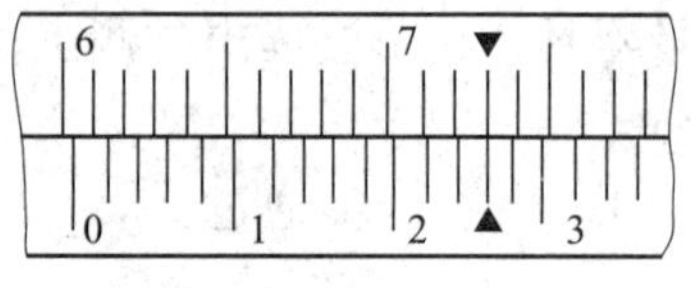

图 2—1—1

3. 图 2—1—2 所示外径千分尺的读数为（　　）mm。

A. 36.01　　B. 35.01　　C. 36.19

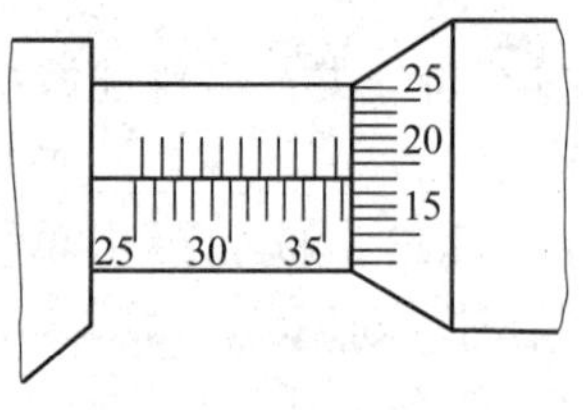

图 2—1—2

4. 图 2—1—3 所示外径千分尺的读数为（　　）mm。

A. 7.25　　B. 6.25　　C. 6.75

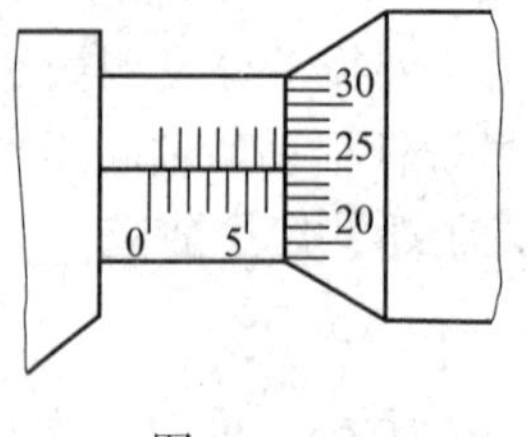

图 2—1—3

5. 数显游标卡尺用分辨力来代替分度值，分辨力一般为（　　）mm。

A. 0.001　　B. 0.01　　C. 0.02

6. 数显外径千分尺的分辨力一般高于或等于（　　）mm。

A. 0.001　　B. 0.01　　C. 0.02

四、名词解释

1. 标尺间距

2. 测量范围

3. 分度值

4. 最大允许误差（允许误差极限）

五、简答题

1. 使用塞尺时有哪些注意事项？

2. 简述分度值为 0.02 mm 的游标卡尺的标记原理。

3. 使用游标卡尺时有哪些注意事项？

4. 简述外径千分尺的示值读取方法。

5. 使用外径千分尺时有哪些注意事项？

六、计算题

1. 用游标卡尺测量两孔中心距，如图 2—1—4 所示，测得 $M=80.04$ mm，卡尺量爪宽度 $t=5$ mm，两孔直径分别为 $D_1=20.04$ mm、$D_2=14.96$ mm，求两孔中心距 L。

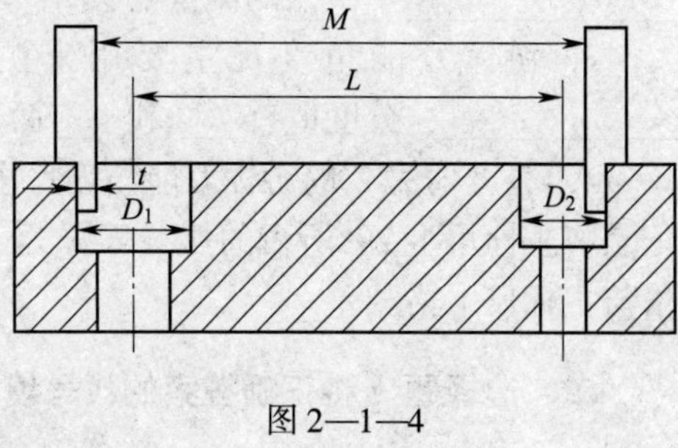

图 2—1—4

2. 用游标卡尺测量导轨的宽度，如图 2—1—5 所示，测得 $Y=100.05$ mm，已知两圆柱直径 $d=12$ mm，角度 $\alpha=60°$，求尺寸 B。

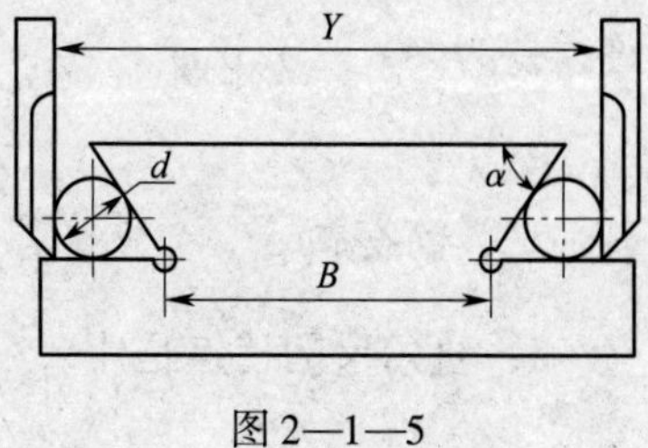

图 2—1—5

课题二　角度测量器具

一、填空题（将正确答案填写在横线上）

1. 角度测量器具按制造原理和测量方式可分为____________角度测量器具、____________角度测量器具以及光学类角度测量器具等。

2. 直角尺是指测量面与基面相互垂直，用以检验____的测量器具。

3. 游标万能角度尺主要用来测量工件的____________________，其测量范围为____________，分度值有____和____两种。

4. 分度值为2′的游标万能角度尺主标尺每格标记的弧长对应的角度为____，游标尺标记是将主标尺上29°所占的弧长等分为____格（每格所对的角度为29°/30），因此游标尺1格与主标尺1格相差____。

二、选择题（将正确答案的代号填入括号内）

1. 使用游标万能角度尺时，可通过主标尺与直角尺和直尺的不同组合形式，将测量范围（0°～320°）划分为（　　）个测量段。

A. 3　　　　B. 4　　　　C. 5

2. 直角尺的精度等级分为00级、0级、1级和2级四个级别，其中（　　）级直角尺主要用于检验量具，（　　）级一般用于检验较精密工件，（　　）级用于检验一般精度的工件。

A. 00　　　　B. 0　　　　C. 1　　　　D. 2

3. 精度等级为0级，长边为100 mm的直角尺，其测量面相对于基面的垂直度最大允许误差为（　　）μm。

A. 2　　　　B. 3　　　　C. 4

三、简答题

1. 直角尺的特点是什么？常用的直角尺有哪几种？

2. 使用直角尺时有哪些注意事项？

3. 使用游标万能角度尺时有哪些注意事项？

课题三　几何误差和表面结构质量测量器具

一、填空题（将正确答案填写在横线上）

1. 刀口形直角尺（刀口尺）主要用来测量工件的____________度或平面度误差。

2. 刀口尺的精度等级分为____级和____级两个级别。

3. 模具钳工最常用的表面结构质量测量器具是________________________。

4. 用表面粗糙度比较样块进行比对，只能________________，无法得到表面粗糙度的____________。因此，要求检验者具有丰富的实践经验。

5. 表面粗糙度比较样块一般用于检查表面质量要求____________的工件。

二、判断题（正确的打“√”，错误的打“×”）

1. 刀口尺应垂直放在工件表面上，并在纵向、横向、对角方向多处逐一进行测量，其最大直线度误差为该测量面的平面度误差。（　　）

2. 刀口尺在变换测量位置时，为节约时间，可在工件表面上拖动。（　　）

3. 所选用的表面粗糙度比较样块和被检查工件的加工方法必须相同，同时，样块的材料、纹理、表面色泽等应尽可能与被检查工件一致。（　　）

三、简答题

1. 使用刀口尺时有哪些注意事项？

2. 简述表面粗糙度比较样块的使用方法。

第三单元　模具钳工基本操作

课题一　划　　线

一、填空题（将正确答案填写在横线上）

1. 划线分为________划线和________划线。在工件几个互成不同角度（通常是互相垂直）的表面上划线才能明确表示加工界线的，称为________划线。只需要在工件一个表面上划线即能明确表示加工界线的，称为________划线。

2. 平面划线时一般要选择____个划线基准，立体划线时一般要选择____个划线基准。

3. 划线时除要求划出的线条________、均匀外，最重要的是保证______________。

4. 立体划线时，尺寸、形状、位置偏差不大的毛坯可通过________和________方法来补救。

5. 划线基准的类型有________________________________、________________________________和________________________________三种。

6. 当工件上有两个以上不加工表面时，应选______________或______________不加工表面为找正依据，兼顾其他不加工表面。

7. 分度头的主要规格以__________________到底面的高度（mm）表示。

二、判断题（正确的打“√”，错误的打“×”）

1. 划线是机械加工的重要工序，广泛地用于成批生产和大量生产。（　　）

2. 划线应从划线基准开始。（　　）

3. 为使划线清晰，划线前应在铸、锻件毛坯上涂一层划线蓝油，在已加工表面上涂一层石灰水。（　　）

4. 利用分度头可在工件上划出水平线、垂直线、倾斜线、圆的等分线或不等分线。（　　）

5. 用分度头划线时，一般应尽可能选用孔数较少的孔圈，因为孔圈的孔数越少，分度误差越小。（　　）

6. 合理选择划线基准是提高划线质量和效率的关键。（　　）

三、选择题（将正确答案的代号填入括号内）

1. 一般划线精度能达到（　　）。

A. 0.025～0.05 mm　　B. 0.25～0.5 mm　　C. 0.25 mm 左右

2. 经过划线确定的加工尺寸，在加工过程中可通过（　　）来保证尺寸准确度。

A. 测量　　B. 划线　　C. 加工

3. 毛坯上有不加工表面时，应按不加工表面找正后划线，这样可使加工表面与不加工表面之间保持（　　）均匀。

A. 尺寸　　B. 形状　　C. 尺寸和形状

4. 分度头的手柄转 1 周时，装夹在主轴上的工件转（　　）周。

A. 1　　B. 40　　C. 1/40

四、名词解释

1. 划线

2. 划线基准

3. 设计基准

4. 找正

5. 借料

五、简答题

1. 划线的作用有哪些？

2．选择划线基准的基本原则是什么？它有哪些好处？

3．划线前的准备工作有哪些？

4．划线找正时的注意事项有哪些？

5．简述划线的步骤。

6．简述立体划线时的训练要点。

六、综合题

1．若要利用分度头在工件的圆周上划出均匀分布的 15 个孔中心，则每划完一个孔中心，手柄应转过几圈后再划线？

2．在图 3—1—1 中标出划线基准。

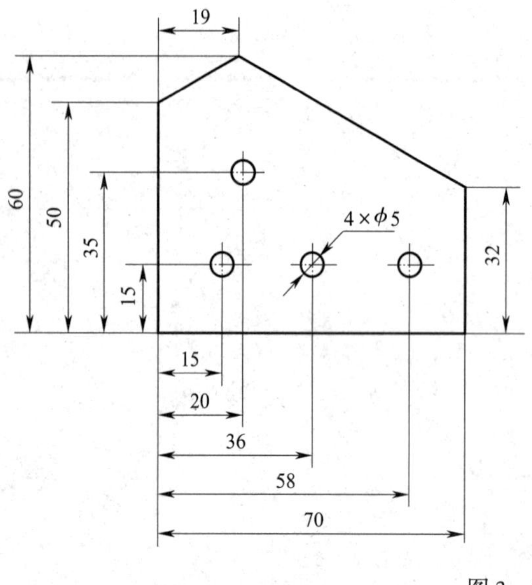

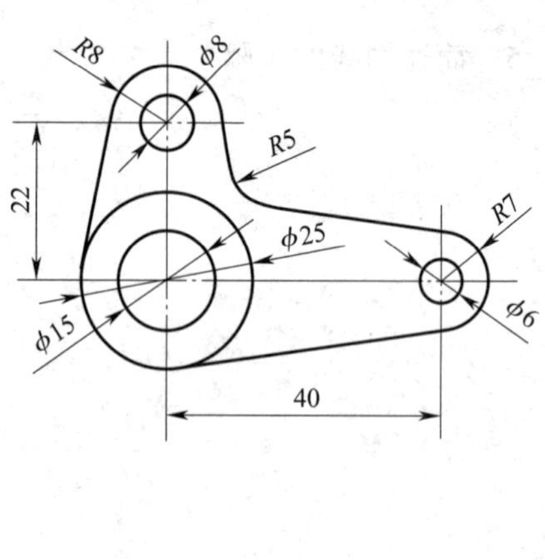

图 3—1—1

课题二　錾　　削

一、填空题（将正确答案填写在横线上）

1. 錾子一般用____________________材料锻成，经热处理后切削部分硬度可达到________________。

2. 錾子由头部、錾身及________部分组成，头部顶端略带________，以便锤击时作用力容易通过錾子的中心线。

3. 钳工常用的錾子有________、________和______________三种。

4. 选择錾子楔角时，应在保证足够________的前提下，尽量取________数值。

5. 錾子______________与切削平面的夹角称为后角。后角的大小取决于____________________________，其作用是____。

6. 錾削时的站立姿势：左脚跨前半步，与台虎钳中心线约成____角，膝盖处略有弯曲，保持自然；右脚站稳伸直，与台虎钳中心线约成____角。身体与台虎钳中心线大致成____角，重心偏于____脚。

二、判断题（正确的打“√”，错误的打“×”）

1. 錾子的前角、后角和楔角之和为90°。（　　）
2. 扁錾和尖錾均可用于錾削沟槽及分割曲线形状的板料。（　　）
3. 为使錾削省力，应选择较大的錾削前角。（　　）
4. 錾削时后角取5°～8°为宜。（　　）

三、选择题（将正确答案的代号填入括号内）

1. 錾削中等硬度材料时，楔角取（　　）。
   A. 30°～50°　　B. 50°～60°　　C. 60°～70°
2. 锤子是用碳素工具钢制成的，并经淬硬处理，其规格用锤体的（　　）表示。
   A. 长度　　B. 质量　　C. 体积
3. 錾削时，錾子切入工件表面过深的原因是（　　）。
   A. 前角太大　　B. 楔角太大　　C. 后角太大
4. 当錾削距尽头约（　　）mm时，必须调头錾去余下的部分，以防材料崩裂。
   A. 10　　B. 15　　C. 20

四、简答题

1. 简述錾子楔角、后角、前角的定义，并说明它们对錾削的影响。

2．简述錾削时的安全文明生产要求。

3．简述三种挥锤方法的动作要领和特点。

4. 简述錾子热处理（包括淬火和回火两个过程）的操作方法。

5. 简述采用松握法进行臂挥锤击时的动作要领。

课题三　锯　　削

一、填空题（将正确答案填写在横线上）

1. 用手锯对材料或工件进行________或________的加工方法称为锯削。
2. 锯弓用于安装和张紧锯条，有________式和________式两种。
3. 锯条的规格包括________规格和________规格两部分。
4. 锯条的分齿形式有____________和____________两种。
5. 锯条按使用材质分为碳素结构钢、________________、________________、____________和双金属复合钢五种。

二、判断题（正确的打“√”，错误的打“×”）

1. 锯削是一种粗加工方式，平面度误差一般可控制在0.5 mm之内。（　）
2. 锯条的种类较多，按其特性分为全硬型（代号H）和超硬型（代号C）两种类型。（　）

3. 锯条的长度规格用两销孔中心距表示（钳工常用长度为 300 mm 的锯条）。 ( )

4. 锯条反装后，锯削时楔角发生变化，但后角和前角没有发生变化。 ( )

三、选择题（将正确答案的代号填入括号内）

1. 为防止锯条卡住或崩裂，起锯角一般不大于（ ）。

A. 10° B. 15° C. 20°

2. 锯削软材料或切面较大的工件时，应选用齿距（ ）的锯条。

A. 较大 B. 较小 C. 中等

3. 锯削圆管或薄板材料时，必须选用齿距（ ）的锯条。

A. 较大 B. 较小 C. 中等

四、简答题

1. 什么是锯条的分齿？锯条分齿的目的是什么？

2. 锯条的粗细规格用什么表示？说明 GB/T 14764—2008 HTA—300×10.7×1.4 的含义。

3. 简述锯削操作的要点。

课题四　锉　　削

一、填空题（将正确答案填写在横线上）

1．锉刀用碳素工具钢__________或优质碳素工具钢__________制成，经热处理后切削部分硬度达____________。

2．锉刀按用途不同，可分为______________、______________和______________三类。

3．普通锉刀按其断面形状分为________、________、____________、____________和________五种。

4．普通锉刀规格分为________规格和______________规格。方锉刀的尺寸规格用________尺寸表示，圆锉刀的尺寸规格用______________表示，其他锉刀则用______________表示。

5．普通锉刀锉纹的粗细规格以锉刀每____ mm 轴向长度内____________的条数表示。

6．选择锉刀时应根据工件表面形状、______________、__________________、______________以及______________和________________________要求来选用。

7．锉削圆球时要同时完成三种运动，即锉刀的________、________和________。

二、判断题（正确的打“√”，错误的打“×”）

1．锉刀的锉齿排列有单、双之分，其中双齿纹锉刀的主、辅锉纹斜角相同。　（　　）

2．锉刀面是锉刀的主要工作面，其中主锉纹起主要切削作用，辅锉纹起分屑作用。　（　　）

3．当锉削铜、铝等软金属以及加工余量大、精度和表面质量要求较低的工件时，一般选用锉纹较粗的锉刀。　（　　）

三、选择题（将正确答案的代号填入括号内）

1．锉削的尺寸精度可达（　　）mm。

A．0.1　　B．0.05　　C．0.01

2．锉削速度一般约为（　　）次/min。

A．30　　B．40　　C．60

3．锉刀的粗细规格通常划分为 1～5 号，粗锉刀指的是（　　）号，中粗锉刀指的是（　　）号，细锉刀指的是（　　）号。

A．1　　B．2　　C．3

D．4　　E．5

四、简答题

1．平面锉削的基本方法有哪几种？其特点和应用场合各是什么？

2. 简述外圆弧面锉削的方法及特点。

3. 简述锉削时的安全文明生产要求。

4. 简述正六方体锉削的加工顺序。

第四单元　孔与螺纹加工

课题一　钻　床

一、填空题（将正确答案填写在横线上）

1. 在钻床上可进行________、________、________、________和攻螺纹等多项操作。

2. Z4112 型台式钻床是一种____型钻床，其最大钻孔直径为____ mm，主轴变速机构采用________变速方法。

3. 台式钻床通常只有________进给，它通过三星进给手柄带动齿轮轴转动，再由齿轮轴带动与其啮合的主轴套筒________。

4. Z525B 型立式钻床最大钻孔直径为____ mm，主轴锥孔为______________锥度，主轴转速分____级，主轴进给量分____级。

5. Z525B 型立式钻床主要由底座、立柱、工作台、主轴、______________机构、________机构、________系统、照明和电气控制部分等组成。

6. Z525B 型立式钻床的传动运动包括：主轴的________（主运动）、主轴的______________（进给运动）和____________的升降（辅助运动）。

7. 摇臂钻床的自动化程度较高，适用于在______型工件上进行________、________、________、________及攻螺纹等工作。

8. Z3050 × 16（Ⅰ）型摇臂钻床最大钻孔直径为____ mm，主轴锥孔为______________锥度。

9. Z3050 × 16（Ⅰ）型摇臂钻床可以实现________进给、________进给、________进给以及定程切削。

10. 扳手三爪钻夹头（俗称钻夹头，类代号用“J”表示）是钻床主要辅具之一，它分为________（H）、________（M）和________（L）3 类，连接形式有________连接和________连接两种。

11. 标准钻头变径套共有____种。对 3 号钻头变径套来说，内锥孔为______________锥度，外圆锥为______________锥度。

12. 用楔铁拆卸钻头时，楔铁带圆弧的一边应放在____面，否则会把钻床主轴（或钻头变径套）上的长圆孔挤坏。

二、判断题（正确的打“√”，错误的打“×”）

1. Z4112 型台式钻床通过改变 V 带的位置，可实现 5 种不同的转速。V 带张紧力的调整靠前后移动电动机来完成。（　　）

2. Z525B 型立式钻床主轴的进给运动可以实现自动进给，也可实现手动进给。（　　）

3. Z525B 型立式钻床允许不停车实现主轴变速，而 Z3050×16（Ⅰ）型摇臂钻床必须停车变速。（　　）

4. Z3050×16（Ⅰ）型摇臂钻床有三级高转速及三级大进给量，因有互锁装置，所以可同时选用。（　　）

5. Z3050×16（Ⅰ）型摇臂钻床的传动系统可实现主轴回转、主轴进给、摇臂升降及主轴箱移动。（　　）

6. Z3050×16（Ⅰ）型摇臂钻床主轴箱和立柱的夹紧或松开只能同时进行，不可单独进行。（　　）

7. 使用快换钻夹头可做到不停车换装刀具，从而大大提高了生产效率，降低了操作者的劳动强度。（　　）

8. 由于 Z525B 型立式钻床主轴的正、反转是靠改变电动机的转向来实现的，因此，允许在正转时直接按动反转按钮，或在反转时直接按动正转按钮。（　　）

三、选择题（将正确答案的代号填入括号内）

1. 在钻床上装夹钻头时，采用（　　）装夹的旋转精度最高。

A. 钻夹头　　B. 变径套　　C. 快换钻夹头

2. 钻夹头是用来装夹（　　）钻头的。

A. 锥柄　　B. 直柄　　C. 直柄或锥柄

3. 钻头变径套用来装夹直径（　　）mm 以上的锥柄钻头。

A. 13　　B. 15　　C. 20

四、简答题

1. 钳工常用的钻床有哪几种？各有什么特点？

2. 简述使用台式钻床时的安全文明生产要求。

3. 简述使用立式钻床时的安全文明生产要求。

4. 简述钻床的一级保养内容及要求。

五、计算题

Z525B 型立式钻床的传动系统如图 4—1—1 所示，写出主运动的传动结构式。假设主电动机转速为 1 400 r/min，计算出主轴的最高和最低转速。

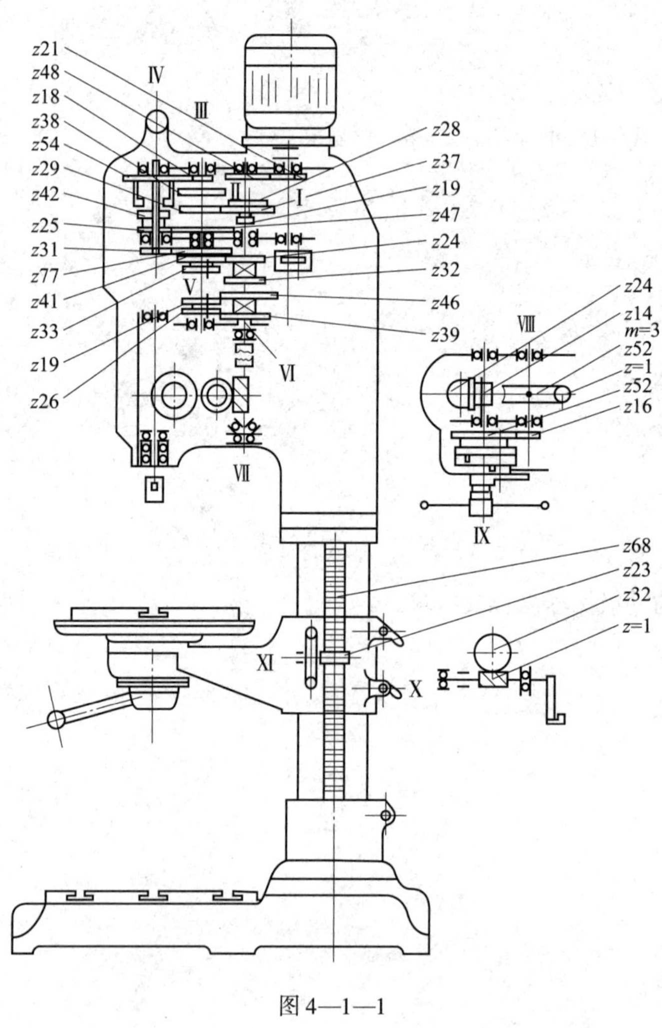

图 4—1—1

课题二　钻孔、扩孔和锪孔

一、填空题（将正确答案填写在横线上）

1．用麻花钻在实体材料上加工孔的方法称为________。

2．麻花钻按制造精度等级分为________级麻花钻和________级麻花钻（________级标记“H”，________级不标记）；按与钻床的装夹形式分为________麻花钻和______________麻花钻。

3．麻花钻主切削刃上的前角大小是变化的，外缘处________，自外向内逐渐________。

4．麻花钻主切削刃上的后角大小是________的，外缘处________，越接近钻心后角________。

5．标准麻花钻的顶角 $2\varphi=$____________，此时两主切削刃呈________。

6．磨短横刃并增大靠近钻心处的前角，可减小______________和________现象，提高钻头的______________和切削的________，使切削性能改善。

7．钻削时切削用量的选用原则：在允许的范围内，尽量先选较大的______________，当受到表面粗糙度和麻花钻刚度的限制时，再考虑选较大的______________。

8．用扩孔刀具对工件上原有的孔进行扩大加工的方法称为________。扩孔加工尺寸精度一般在______________之间，表面粗糙度一般在________________之间，常作为孔的______________及铰孔前的____________。

9．用麻花钻扩孔时，底孔直径约为所要求直径的__________倍；用扩孔钻扩孔时，底孔直径约为所要求直径的____倍，进给量为钻孔时的__________倍，切削速度为钻孔时的____。

10．锪钻按孔口形状的不同一般分为______________、______________和______________三种。

11．锪孔时的进给量应为钻孔时的__________倍，切削速度为钻孔时的__________。

12．用麻花钻改制的平底锪钻锪孔时，必须按照“________、________、________”的顺序进行。

13．用麻花钻改制锪钻时，为防止切削时产生________和________现象，通常将其磨成______________，在主切削刃上形成宽为 1 ~2 mm 的________，同时将外缘处的前角磨小。

二、判断题（正确的打“√”，错误的打“×”）

1．在钻床上钻孔时，麻花钻的旋转是主运动，麻花钻沿轴向移动是辅助运动。（　　）

2．为了提高生产效率，钻孔时可在主轴旋转状态下装夹、检测工件。（　　）

3．一般直径在 5 mm 以上的麻花钻均需修磨横刃。（　　）

4．钻孔时进给量要选择合理，在孔将钻透时应增大进给力。（　　）

5．群钻磨出月牙槽，形成凹形圆弧刃，把主切削刃分成三段，起到了分屑、断屑的作用，使排屑顺利。（　　）

6．扩孔精度不如钻孔精度高。（　　）

三、选择题（将正确答案的代号填入括号内）

1．麻花钻的螺旋角通常为（　　）。

A．30°　　B．45°　　C．60°

2．麻花钻横刃处的前角 $\gamma_o =$（　　）。

A．$-60° \sim -54°$　　B．$-30°$　　C．30°

3．麻花钻顶角越小，轴向力越小，外缘处刀尖角越大，利于（　　）。

A．切削液的进入　　B．散热　　C．排屑

4．标准麻花钻的顶角 $2\varphi < 118°$时，主切削刃呈（　　）。

A．直线　　B．凹形　　C．凸形

5．当麻花钻后面磨出后，横刃斜角自然形成，其大小与后角有关。标准麻花钻的横刃斜角 $\psi =$（　　）。

A．$30° \sim 35°$　　B．$50° \sim 55°$　　C．$60° \sim 65°$

四、简答题

1．钻削加工的特点是什么？

2. 麻花钻由哪几部分组成？各部分的主要作用是什么？

3. 简述麻花钻的螺旋角、顶角、前角、后角和横刃斜角对钻削的影响。

4. 在图 4—2—1 中标出麻花钻切削部分的名称。

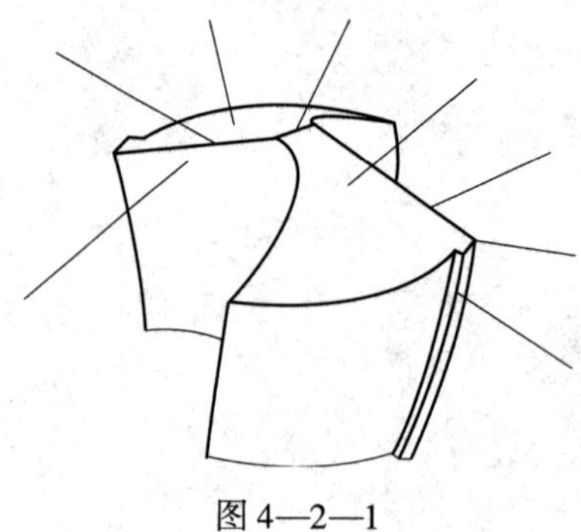

图 4—2—1

5. 标准麻花钻有哪些缺点？

6. 在薄板工件上钻孔时为什么不能用标准麻花钻？钻削薄板用群钻的刃磨要求是什么？

7. 简述钻孔的操作要点。

8. 简述钻孔时的安全文明生产要求。

9. 扩孔有哪些特点？

10．简述锪孔的操作要点。

五、计算题

在钻床上加工 ϕ10 mm 的孔，根据材质及加工精度要求，采用先钻孔再扩孔（用扩孔钻）的工艺，要求钻孔时的切削速度为 24 m/min，求：

（1）钻削时麻花钻的直径。

（2）钻削时应选择的转速。

（3）扩孔时的背吃刀量。

（4）扩孔时应选择的转速。

课题三　铰　　孔

一、填空题（将正确答案填写在横线上）

1．用铰刀从工件孔壁上切除微量金属层，以获得较高的______________和较小的____________________，这种对孔精加工的方法称为铰孔。

2．铰刀是精度较高的多刃刀具，具有切削余量____、导向性____、加工精度高等特点。

3．铰孔尺寸精度可达__________，表面粗糙度值可达__________。

4．手用整体圆柱铰刀的切削部分较长，刀齿做成____________分布形式；机用整体圆柱铰刀的切削锥角________，校准部分________，刀齿做成________分布形式。

5．锥度比较大的铰刀分为多支一套，其中粗铰刀的切削刃上开有螺旋形分布的____________，以减轻铰削负荷。

6．铰削带有键槽的孔应选择____________铰刀。

7．常备标准铰刀的直径公差按____制造。另外，国家标准还制定了加工____、____、____级孔的铰刀直径公差。

二、判断题（正确的打"√"，错误的打"×"）

1．手用可调节铰刀适用于修配、单件生产以及特殊尺寸（非标）情况下铰削通孔。（　　）

2．铰削时，为了便于断屑和排屑，铰刀应反转。（　　）

3．机铰时，应使工件一次装夹进行钻孔、扩孔、铰孔，以保证铰刀中心线与钻孔中心线同轴。（　　）

4．因为铰孔属于精加工，所以切削液的作用应以润滑为主。（　　）

5．机铰时，为了提高铰削质量，铰孔完成后，要先停车再退出铰刀。（　　）

三、选择题（将正确答案的代号填入括号内）

1．铰刀齿数一般为4～8齿，为方便测量直径，多采用（　　）齿。

A．偶数　　B．奇数　　C．偶数或奇数

2．整体圆柱铰刀的规格是指（　　）的直径。

A．校准部分　　B．紧接切削锥之后　　C．柄部

3．为避免铰削时因铰刀顺时针转动而产生自动旋进现象，同时使铰下的切屑容易被推出孔外，一般螺旋槽铰刀的旋向做成（　　）。

A．右旋　　B．左旋　　C．左、右旋均可

4．铰削铸铁工件时，若采用煤油冷却及润滑，会引起孔径（　　）。

A．缩小　　B．扩大　　C．缩小或扩大

5．铰削过程中要经常用相配的锥销来检查铰孔尺寸，一般以锥销自由插入（　　）左右为宜。

A．60%　　B．80%　　C．90%

四、简答题

1．整体圆柱铰刀由哪几部分组成？各部分起什么作用？

2．铰削余量为什么不能太大或太小？

3．简述铰削锥孔时的操作要点。

4．铰孔质量是由哪些因素决定的？

5. 简述铰孔时的安全文明生产要求。

6. 简述刃磨麻花钻时的操作要点。

7. 简述钻孔位置找正的操作方法。

课题四　螺 纹 加 工

一、填空题（将正确答案填写在横线上）

1. 攻螺纹按操作方法分为______________________和______________________两种。

2. 丝锥是加工___________的工具，它由________和_____________组成，工作部分由___________和_____________组成。

3. 成组丝锥切削量的分配形式有_____________和_____________两种。通常 M6 ~ M24 的丝锥每组有____支；M6 以下及 M24 以上的丝锥每组有____支；细牙螺纹丝锥每组有____支。

4. 使用不等径丝锥时，必须按________、________、________顺序进行。它主要用于直径较小或直径较大以及螺纹精度要求较高的场合。

5. 在一组等径丝锥中，各支丝锥的大径、________、________均相等，仅切削锥的________及_____________不等。

6. 丝锥的规格参数主要包括螺纹的_____________和________。

7. 常用的圆板牙有___________板牙和可调圆板牙。其中，可调圆板牙又分为________可调圆板牙和切向可调圆板牙两种。

二、判断题（正确的打"√"，错误的打"×"）

1. 圆板牙由切削锥、校准部分和容屑孔组成，一端有切削锥。（　　）

2. 不等径丝锥的切削量分配比较合理，切削省力，各支丝锥磨损量差别小，使用寿命长，攻制的螺纹表面粗糙度值小。（　　）

3. 普通铰杠的规格用其夹持丝锥的范围表示。（　　）

4. 整体圆板牙的圆周上开有 V 形槽，其作用是便于圆板牙在板牙架中的紧固。（　　）

三、选择题（将正确答案的代号填入括号内）

1. 不等径三支一组的丝锥，其切削量的分配为（　　）。

A. 1∶2∶3　　B. 1∶3∶6　　C. 6∶3∶1

2. 攻螺纹前的底孔直径应（　　）螺纹小径。

A. 稍大于　　B. 稍小于　　C. 等于

3. 普通螺纹丝锥的螺纹（　　）公差带有 4 种，即 H1、H2、H3 和 H4，可分别加工精度要求不同的内螺纹。

A. 小径　　B. 中径　　C. 大径

4. 攻螺纹前在孔口倒角，倒角直径应（　　）螺纹公称直径，以方便丝锥顺利切入，并防止孔口挤出毛刺。

A. 等于　　B. 稍小于　　C. 稍大于

5. 攻盲孔螺纹时，由于丝锥的切削锥部分不能攻出完整的螺纹牙型，所以钻孔深度要（　　）螺纹的有效长度。

A. 等于　　B. 大于　　C. 小于

6. 套螺纹时，由于圆板牙切削锥对材料不但有切削作用，还有挤压作用，使攻出的螺纹牙顶被挤高，所以圆杆直径应（　　）螺纹公称尺寸。

A. 等于　　B. 大于　　C. 小于

四、简答题

1. 简述手工攻螺纹时的操作要点。

2．简述套螺纹时的操作要点。

五、计算题

1．计算攻制下列螺纹的底孔直径（精确到小数点后一位）。

（1）钢件螺纹：M8

（2）钢件螺纹：M20 × 1.5

2．计算套螺纹 M10 时的圆杆直径。

3．分别在钢件和铸铁件上攻制 M12 的内螺纹，若螺纹的有效长度为 35 mm，求攻螺纹前钻底孔的麻花钻直径及钻孔深度。若 $n = 400$ r/min，$f = 0.5$ mm/r，求钻孔切削时间（麻花钻顶角为 120°，只计算钢件）。

第五单元　模具钳工精加工

课题一　常用精密测量器具

一、填空题（将正确答案填写在横线上）

1. 指示表的分度值为______mm 的称为百分表；分度值为______mm 和______mm 的称为千分表。

2. 百分表主要由________、________、______________、________、________、________等组成。

3. 为了使用方便，杠杆百分表除有正面式外，还有________式和________式。

4. 使用杠杆指示表时，对于平面工件，测杆轴线应________于被测平面；对于圆柱形工件，测杆轴线要与过被测母线的相切面________，否则会产生较大误差。

5. 量块按材质分为________量块、______________量块和________量块等。其准确度等级分为____级、0 级、1 级、2 级和 3 级五个级别，其中____级准确度最高，____级最低。

6. 为了工作方便，减小________误差，选用量块时应尽可能选用________的块数组合，一般情况下不超过____块。

7. 正弦规是一种以间接方法测量零件________或________的精密测量器具，其准确度等级分为____级和____级。

8. 水准器式水平仪是利用水准器气泡偏移来测量被测平面相对水平面微小倾角的角度测量仪器，俗称气泡式水平仪。常用的有________水平仪、________水平仪和________水平仪。

9. 杠杆指示表因受结构限制，量程较小：一般分度值为 0.01 mm 的杠杆百分表，量程不超过____mm；分度值为 0.001 mm 和 0.002 mm 的杠杆千分表，量程不超过____mm。

二、判断题（正确的打“√”，错误的打“×”）

1. 指示表是指利用机械传动系统，将测杆的摆动位移转变为指针在度盘上的角位移，并由度盘进行读数的测量器具。（　　）

2. 杠杆指示表是指利用机械传动系统，将杠杆测头的直线位移转变为指针在度盘上的角位移，并由度盘进行读数的测量器具。（　　）

3. 量块主要用于量具和量仪的检验与校正、精密划线、精密机床的调整以及较高精度零件的测量。（　　）

4. 由于水平仪是一种测角量仪，故不能用来测量导轨在垂直平面内的直线度、工作台的平面度及工件间的垂直度和平行度等。（　　）

5．指示表使用前，应检查测杆活动的灵活性，即轻轻推动测杆时，测杆在套筒内的移动要灵活，没有任何阻滞现象，每次手松开后，指针能回到原来的标记位置。（　　）

6．使用指示表时，为方便读数，在测量前一般将指针与度盘的“0”标记对齐。（　　）

7．由于杠杆指示表体积较小，杠杆测头的倾斜角度可调，且可变换测量方向，因此主要应用在普通指示表无法使用的场合。（　　）

三、选择题（将正确答案的代号填入括号内）

1．指示表属于（　　）类指示式测量器具，常用来测量工件的尺寸、形状和位置误差。

A．长度　　B．角度　　C．几何误差

2．杠杆指示表具有（　　）个方向的测量功能。

A．一　　B．两　　C．三

3．正弦规的规格用（　　）表示，常用的有 100 mm 和 200 mm 两种。

A．工作面长度　　B．工作面宽度　　C．两圆柱中心距

4．标记为 0.02 mm/1 000 mm 的水平仪，其含义是测量面与水平面倾斜角为（　　），斜率为 0.02/1 000。

A．2″　　B．4″　　C．6″

5．量块有（　　）个工作面（即测量面）和（　　）个非工作面，工作面是一对相互平行而且平面度误差及表面粗糙度值极小的平面。

A．二；四　　B．三；三　　C．四；二

四、简答题

1．百分表长指针转过一格时，为什么测杆移动 0.01 mm？

2．简述指示表的使用注意事项。

3. 杠杆指示表有什么特点？

4. 量块使用时有哪些注意事项？

5. 简述水平仪示值的读取方法。

五、计算题

1. 用 83 块一套的量块组配下列尺寸。

（1）45. 44 mm

（2）52. 215 mm

（3）85. 555 mm

2. 用中心距为 100 mm 的正弦规测量锥角 $2\alpha=30^{\circ}$的工件，求量块的高度。

3．使用精度为0.02 mm/1 000 mm的水平仪测量长度为1 600 mm的导轨在垂直平面内的直线度误差，若每200 mm测量一次，测得结果（格数）依次如下：+1、+0.5、+1、0、+1、-2、0、-0.5。

（1）作出直线度误差曲线图。

（2）计算直线度误差值。

4．使用精度为0.02 mm/1 000 mm的水平仪测量长度为1 500 mm的导轨在垂直平面内的直线度误差，分6段测得的结果依次如下：-1、-0.5、0、+1.5、+0.5、-0.5。

（1）作出直线度误差曲线图。

（2）计算直线度误差值。

课题二　刮　　削

一、填空题（将正确答案填写在横线上）

1. 根据被刮削面的形状，刮削分为________刮削和________刮削两种。经过刮削的工件能获得很高的________精度、形状精度、________精度和很小的__________________。

2. 刮削时一般按____刮、____刮、____刮和刮花的步骤进行。

3. 刮削常用的显示剂有____________和________两种，前者广泛用于________等黑色金属工件上，后者多用于________________________________工件上。

4. 检查刮削接触精度的方法常用 25 mm×25 mm 正方形方框内的____________检验。粗刮要求 25 mm×25 mm 正方形方框内有__________个研点；细刮要求 25 mm×25 mm 正方形方框内有__________个研点。

5. 刮花的目的，一是增加刮削面的________；二是改善滑动件之间的________条件，并且可以根据花纹消失多少来判断平面的________程度。

二、判断题（正确的打"√"，错误的打"×"）

1. 调和显示剂时，粗刮应调得稀些，精刮应调得干些。　（　　）

2. 刮削具有切削量大、切削力大、产生热量多、装夹变形大等特点。　（　　）

3. 粗刮的目的是增加研点，改善表面质量，使刮削面符合精度要求。　（　　）

4. 大型工件研点时，应将研具固定，使工件在研具表面上研点。　（　　）

5. 经过刮削后的工件表面组织比原来疏松。　（　　）

三、选择题（将正确答案的代号填入括号内）

1. 粗刮时，刮刀楔角取(　　)。

A. 90°~92.5°　　B. 95°　　C. 97.5°

2. 细刮时，刮削方法采用(　　)。

A. 连续推铲法　　B. 短刮法　　C. 点刮法

3. 轴瓦研点时，在轴承长度方向上，(　　)研点可以少些，以获得良好的工作效果。

A. 一端　　B. 中间　　C. 两端

4. 中、小型工件研点时，一般是研具固定不动，工件在研具上进行研点。如果工件表面等于或稍大于研具工作面，允许工件超出研具工作面，但超出部分应小于工件长度的(　　)。

A. 1/3　　B. 1/4　　C. 1/5

5. 刮削每次只能刮去很薄的金属，若刮削余量太大，则劳动强度大，生产效率低；若刮削余量太小，则上道工序的刀痕不能去除。刮削余量一般为(　　)mm。

A. 0.05~0.4　　B. 0.1~0.5　　C. 0.5~4

四、简答题

1. 什么是刮削？刮削的原理是什么？

2. 刮削有哪些特点？

3. 简述平面刮削方法及工艺要求。

4. 简述刮削时的安全文明生产要求。

5. 生产中常用的研具有哪些？它们的作用分别是什么？

五、综合题

常用刮削面几何精度的检验方法如图 5—2—1 所示，它们分别检验的是哪一项几何精度？

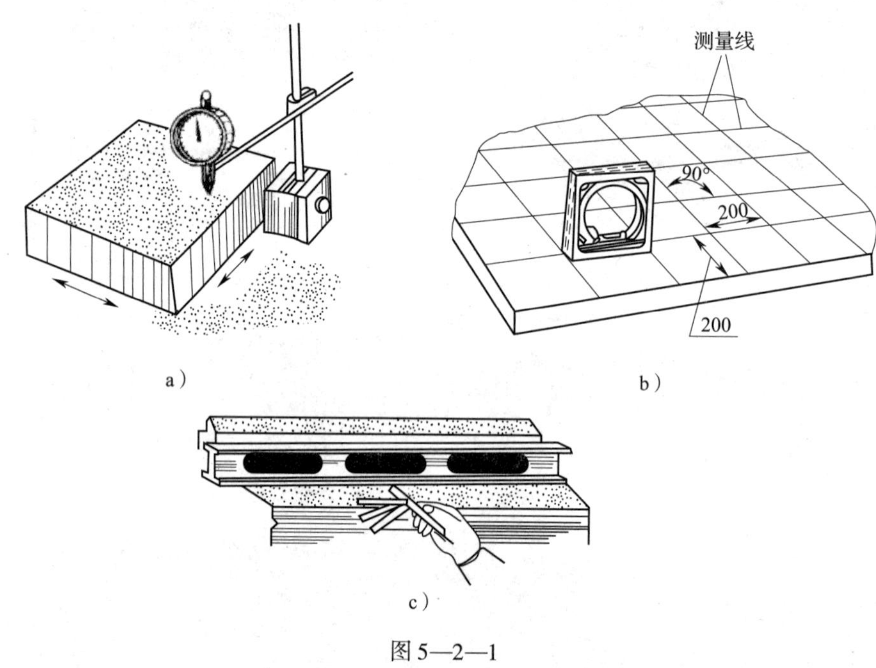

图 5—2—1

课题三　研　　磨

一、填空题（将正确答案填写在横线上）

1．研磨可使工件获得精确的________、________和________的表面粗糙度值。

2．研具是保证被研磨工件几何精度的重要因素，因此对其______________、________和__________________都有较高的要求。

3．不同形状的工件需要不同形状的研具，常用研具的类型有________________、_____________和_____________三种。

4．固定式研磨环制造简单，但磨损后无法________，多用于____________的研磨。

5．根据分散剂和辅助材料的成分与配比不同，研磨剂分为____________________、____________和__________________三种。

6．磨料按来源不同分为________磨料和________磨料；按硬度不同分为________磨料和________磨料。

7．国家标准把磨料的粒度分为____________和________两部分，GB/T 2481.1—1998将____________划分为F4～F220共26个号，GB/T 2481.2—2009将________划分为F230～F2000共13个号。

8．研磨方法有________研磨和________研磨两种。

9．手工研磨的运动轨迹有________形、____________________形、_____________形、________形和仿8字形等。

10．圆柱面的研磨一般是________与________配合进行研磨。

11．在车床上研磨外圆柱面时，通过工件的________和研具在工件上沿轴向做________运动进行。

二、判断题（正确的打"√"，错误的打"×"）

1．工件研磨后的尺寸精度可达IT5～IT3级。（　　）

2．有槽研磨平板用于精研，光滑研磨平板用于粗研。（　　）

3．软钢韧性较好，不容易折断，常用来制作小型工件的研具。（　　）

4．磨料在研磨中起切削作用，研磨效率、研磨精度与选用磨料的种类和粒度有密切的关系。（　　）

5．研磨环主要用来研磨轴类工件的外圆柱表面和圆锥表面。（　　）

6．手工研磨应选择合理的运动轨迹，以提高研磨效率、工件表面质量，延长研具使用寿命。（　　）

7．工件表面研磨质量的好坏、研磨效率的高低，与研磨剂的选用及研磨的方法有关，

但与研磨压力、研磨速度及清洁工作无关。 ( )

三、选择题（将正确答案的代号填入括号内）

1．研磨是微量切削，因此研磨余量不能太大，一般为( )mm。

A．0.002～0.005　　B．0.005～0.03　　C．0.05～0.4

2．研具材料应比被研磨的工件材料( )。

A．软　　B．硬　　C．软或硬

3．研磨中起稀释、润滑和冷却作用的是( )。

A．磨料　　B．分散剂　　C．辅助材料

4．在车床上研磨外圆柱面，当出现与轴线方向夹角小于45°的交叉网纹时，说明研磨环的往复运动速度( )。

A．太快　　B．太慢　　C．适中

5．研磨套类工件的内孔时应选用( )。

A．研磨平板　　B．研磨环　　C．研磨棒

6．分散剂使磨料均匀分散在研磨剂中，起( )等作用。

A．稀释、润滑和冷却　　B．凝固和维持温度　　C．增大摩擦力和保温

四、简答题

1．什么是研磨？研磨的特点是什么？

2．常用研具有哪些类型？各类研具的主要作用是什么？

3. 对研具材料有哪些基本要求？常用研具材料有哪些？各有什么特点？

4. 研磨剂由哪些成分组成？各成分的作用是什么？

5. 研磨工件时有哪些注意事项？

课题四 抛 光

一、填空题（将正确答案填写在横线上）

1. 抛光表面具有__________到___________的效果，且没有明显的线条纹。

2. 抛光可增加工件的美观度，改善材料表面的____________、__________，同时使塑料制件易于_______，缩短注塑成型周期等。

3. 磨头主要用来磨削抛光模具_______部位，磨削抛光时，应选用与抛光部位形状_______的磨头。

4. 手持抛光磨石属固结磨具的一种，按截面形状不同分为长方抛光磨石、_______抛光磨石、_______抛光磨石、_______抛光磨石、_______抛光磨石、刀形抛光磨石等。

5. 竹片抛光磨具的作用是压着_______或带有抛光剂的毛毡布，在工件上研磨抛光。

6. 使用抛光轮时，应将其安装在_______式抛光机上，并借助适宜的__________对工件进行抛光加工。

7. 在抛光过程中，抛光剂中的磨料均为____________状态。同时，在辅助材料中还包含了增加_______的化学试剂。

8. 抛光剂在常温下分为_______抛光剂、_______抛光剂和_______抛光剂。

9. 由于抛光剂中的磨料种类、粒度以及辅助材料有所不同，因此，在选用抛光剂时应根据被抛光工件的_______以及各____________的具体要求，选择适宜的抛光剂。

10. 流体抛光常用的方法有____________加工、液体喷射加工、____________研磨等。

二、判断题（正确的打“√”，错误的打“×”）

1. 非缝合式整布轮适用于形状简单工件的抛光，或用于小型工件的精抛光。（ ）

2. 流体抛光的最大优点是流体介质可以到达工件复杂型腔部位，常用于异形、不规则表面以及内孔、细缝、微孔等隐蔽部位的镜面抛光。（ ）

3. 粗、精抛光过程可以在同一工作地点完成，但要注意清洗干净上一道工序残留在工件表面的磨料。（ ）

4. 流体抛光和磁研磨抛光加工的表面粗糙度值都可达到 $Ra0.1$ μm。（ ）

5. 粗抛的目的是利用抛光锉刀或磨头、抛光磨石等固结磨具去掉前期较深的机械加工痕迹。（ ）

6. 半精抛的主要目的是利用各种抛光轮（如布轮、毛毡轮等）配以适宜的抛光剂对工件表面进行抛光，使其表面达到半光亮或镜面要求。（ ）

7. 使用抛光毡轮、海绵抛光轮、牛皮抛光轮等柔软抛光磨具时，一定要经常检查这些柔性物质的磨损状况，以防止因磨损过量而露出与其粘接的金属杆，造成抛光面的损伤。一般要求当柔性部分彻底没有时再更换新轮。（ ）

8．粗抛时要按先易后难的顺序进行，先抛侧面和大平面，最后抛死角及较深的底部。
（　　）

9．用前后拉动的方法抛光模具平面时，拉动磨石的柄应尽量放平，不要超出25°，若斜度太大，易在工件上抛出很多粗纹。（　　）

三、选择题（将正确答案的代号填入括号内）

1．光学镜片模具常采用(　　)抛光方法。

A．流体　　B．超声波　　C．机械

2．以下属于涂覆磨具的是(　　)。

A．砂纸　　B．抛光磨头　　C．抛光磨石

3．在进行每一道打磨抛光工序时，磨具应从不同的(　　)方向去打磨抛光，以避免工件产生波浪等高低不平现象，直至消除上一级的砂纹。

A．45°　　B．90°　　C．180°

4．抛光锉刀主要用来锉削抛光模具的(　　)，通常安装在往复式抛光机上使用。

A．大面积部位　　B．任何部位　　C．细小部位

5．机械抛光是各种抛光方法中表面质量最好的，是模具抛光的主要方法。利用该技术可使被加工表面的表面粗糙度值达到 Ra (　　)μm。

A．0.032　　B．0.016　　C．0.008

四、名词解释

1．抛光

2．涂覆磨具

3．流体抛光

4．超声波抛光

5. 磁研磨抛光

6. 化学抛光

五、简答题

1. 简述抛光的基本工艺过程。

2. 简述模具抛光时的注意事项。

六、综合题

1. 抛光在汽车美容保养中经常用到，观察图 5—4—1，分析其采用的抛光方法及抛光磨具。

图 5—4—1

2. 简述刮削图 5—4—2 所示 V 形架时的操作要点及注意事项。

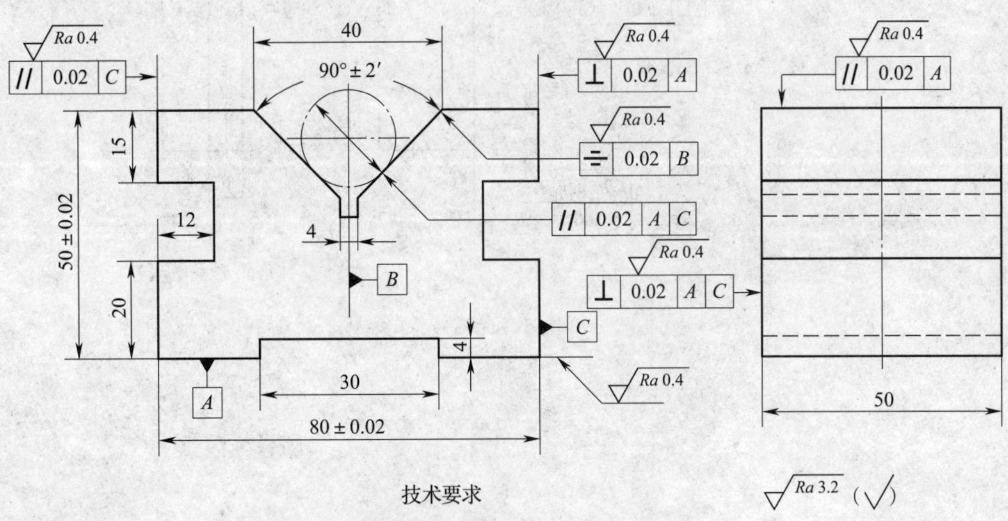

技术要求

1. 标注*Ra*0.4μm的面均为刮削平面。
2. 刮削面的接触精度为在25×25内不少于20个研点。

图 5—4—2

3．简述研磨图 5—4—3 所示刀口形直角尺时的操作要点。

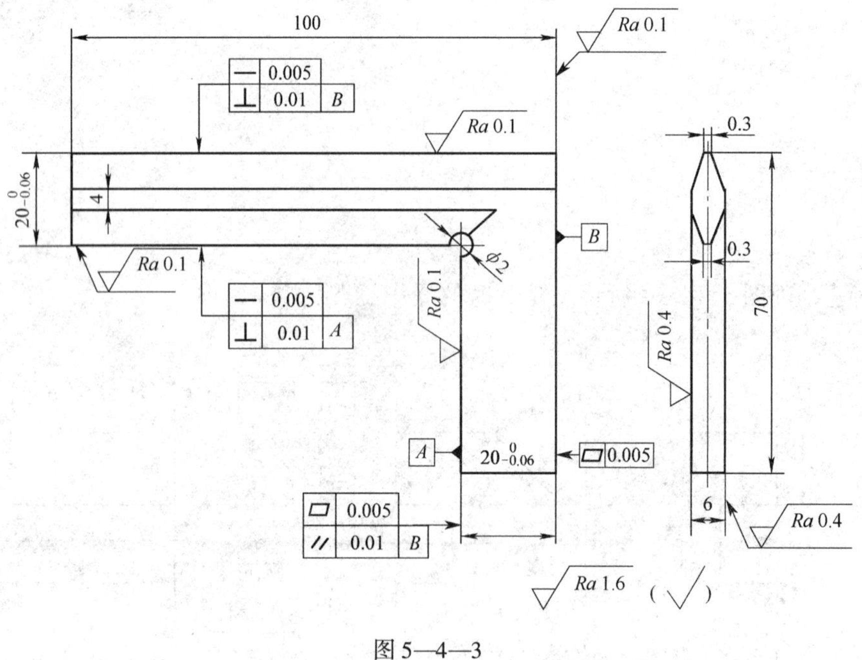

图 5—4—3

4．简述抛光图 5—4—4 所示模具型芯和图 5—4—5 所示模具型腔的操作要点及注意事项。

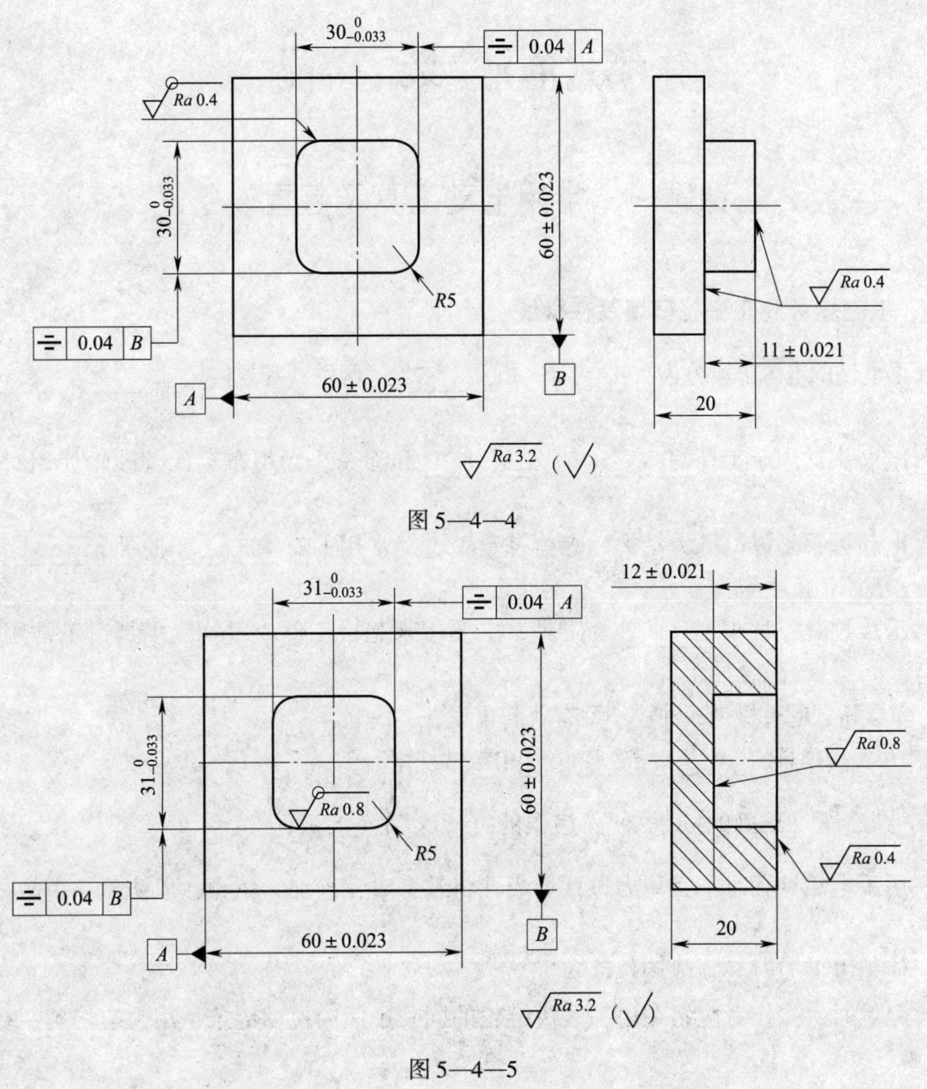

图 5—4—4

图 5—4—5

第六单元　装　　配

课题一　常用电动工具及起重设备

一、填空题（将正确答案填写在横线上）

1. 手电钻的电源电压分为_________和_________两种，其规格用__________________表示。

2. 电磨头适用于工件的_______、_______和除锈，当用布轮代替砂轮使用时，则可进行_______作业。

3. 电动扳手是以电源为动力的螺栓拧紧工具，常用的有_______扳手、___________扳手、_______扳手等。

4. 千斤顶是一种小型_______工具，主要用来起重工件或重物。模具钳工常用它来拆卸和装配_______配合的工件。

5. 单梁桥式起重机是一种轻小型有轨起重设备，由_______、_______和____________等组成，在大型模具的_______和_______中经常使用。

二、判断题（正确的打“√”，错误的打“×”）

1. 用手电钻钻孔时不宜用力过猛。当孔将钻穿时，须加大压力，以防发生事故。（　　）

2. 使用电剪刀时必须戴钢丝手套。（　　）

3. 起重时，操作者应站在手动葫芦链轮的同一平面内拉动链条，用力应均匀、缓和。（　　）

4. 起吊零部件时，允许用铁丝、麻绳和三角带作为起吊工具。（　　）

5. 起吊零部件在稍离地面时要暂停，检查起重设备、吊装工具和绳索是否牢固可靠，确保无误后方可继续起吊。（　　）

6. 使用手电钻时，须开机空转 1 min，检查传动部分是否正常。如有异常，应排除故障后再使用。（　　）

7. 手电钻在使用前应检查接地线是否良好，以确保安全。（　　）

三、选择题（将正确答案的代号填入括号内）

1. 使用电剪刀剪切时，两刀刃的间距应根据材料厚度进行调整。当进行小半径剪切时，应将两刃口间距调整到（　　）mm。

A. 0.2 ~ 0.3　　B. 0.3 ~ 0.4　　C. 0.4 ~ 0.5

2. 使用电剪刀剪切时，两刀刃的间距应根据材料厚度进行调整。当剪切厚材料时，间距 S 为 0.2～0.3 mm；剪切薄材料时，间距 S 与材料厚度 H 有关，计算公式为(　　)。

A. $S=0.2H$　　B. $S=0.3H$　　C. $S=0.12H$

3. 使用单梁桥式起重机吊动工件时，操作人员与工件应保持(　　)m 以上的距离。吊运前方应无人、无障碍。操作人员跟车行走时，应注意防止绊倒。

A. 1　　B. 2　　C. 3

4. 电磨头使用前应开机空转(　　)min，检查旋转声音是否正常。若有异常，应排除故障后再使用。

A. 1　　B. 2～3　　C. 0.5

四、简答题

1. 使用手电钻时有哪些注意事项？

2. 使用电磨头时有哪些注意事项？

3. 使用电动扳手时有哪些注意事项？

4．使用千斤顶时有哪些注意事项？

5．使用单梁桥式起重机时有哪些注意事项？

6．使用手动液压升降车时有哪些注意事项？

五、综合题

在装配、安装和调试大、中型模具时，经常使用起重设备和吊装工具。常用的起重设备有桥式行车、电动葫芦、手动葫芦等。常用的吊装工具有钢丝绳、链条、吊钩以及专用吊装绳索等。观察图6—1—1，说明其采用的起重设备和吊装工具，并简述在使用这些起重设备和吊装工具时应遵守的安全操作规程。

图6—1—1

课题二　装配工艺概述

一、填空题（将正确答案填写在横线上）

1．零件是构成机器或产品的____________，由两个或两个以上的零件结合成机器的一部分称为________。

2．装配工作是装配工艺过程中的主要阶段，分为________装配和____装配。

3．工艺过程是指改变生产对象的形状、尺寸、相对位置或性质等，使其成为________

或__________的过程。

4．单件或小批量生产时，一般不需要制定工艺卡片，工人可按__________和__________进行装配。

5．________是为了防止工件的非加工面锈蚀，并使机器的外表更加美观；________是为了防止工件的配合面及已加工面锈蚀；________是为了便于运输和存储。

二、判断题（正确的打“√”，错误的打“×”）

1．流水装配法主要应用于单件生产和小批量生产。（　）

2．装配工作的好坏对产品的质量可能有一定影响。（　）

3．部件装配和总装配都从基准零件开始。（　）

4．可以独立进行装配的零件称为装配单元。（　）

5．一个装配工序可包括一个或几个装配工步。（　）

三、选择题（将正确答案的代号填入括号内）

1．根据装配单元确定装配顺序时，应首先确定装配基准件，然后根据装配结构的具体情况，按照“（　）”的原则，同时安排必要的检验工序并确定装配顺序。

A．先下后上，先内后外，先难后易，先精密后一般，先重大后轻小

B．先上后下，先外后内，先易后难，先精密后一般，先重大后轻小

C．先下后上，先内后外，先难后易，先一般后精密，先轻小后重大

2．把零件和部件装配成最终产品的过程称为（　）。

A．部件装配　　B．总装配　　C．零件装配

3．设备装配后，按设计要求进行运转试验，其目的是检验机器运转的灵活性、振动、工作温升、噪声、转速、功率等性能是否符合要求，此过程称为（　）。

A．调整　　B．精度检验　　C．试车

四、名词解释

1．装配

2．装配工序

3．装配工步

五、简答题

1. 装配工艺过程包括哪几个阶段？

2. 装配组织形式有哪几种？各有什么特点？

3. 什么是装配单元系统图？它的作用是什么？如何绘制装配单元系统图？

4. 装配工艺规程的作用是什么？如何制定装配工艺规程？

课题三　装配前的准备工作

一、填空题（将正确答案填写在横线上）

1. 零件的清洗方法有______________、______________、______________和超声波清洗。

2. 工业汽油适用于清洗____________的零部件，航空汽油适用于清洗质量要求________的零件。

3. 在装配前进行的密封试验有____________和____________两种。

4. 旋转件的不平衡形式有______________和______________两种。

5. 静平衡试验只能平衡旋转件________的不平衡，无法消除________________。

二、判断题（正确的打"√"，错误的打"×"）

1. 清洗橡胶制件如密封圈等，既可使用酒精或化学清洗剂清洗，也可使用汽油清洗。（　　）

2. 由于汽油的燃点较低，故使用汽油清洗时要注意防火。（　　）

3. 煤油、柴油的清洗力比汽油好。（　　）

4. 静平衡试验只适于长径比较小（如盘类旋转件）或长径比虽然大但转速不太高的旋转件。（　　）

三、选择题（将正确答案的代号填入括号内）

1. （　　）法密封性试验适用于承受工作压力较高的零件。

A. 气压　　　　B. 液压

2. 在静平衡试验中，零部件在径向上有偏重时，其偏重总是停留在（　　）方向的最低位置。

A. 水平　　　　B. 铅垂　　　　C. 任意

四、简答题

1. 常用的清洗剂有哪些？它们的特点是什么？

2．零件清洗时有哪些注意事项？

3．为什么机器的旋转件必须进行平衡试验？

4．静不平衡与动不平衡有什么不同？简述静平衡试验的方法。

课题四　装配尺寸链与装配方法

一、填空题（将正确答案填写在横线上）

1．在零件加工或产品装配过程中，为了达到加工精度或装配精度，要涉及各零件的许多有关尺寸。互相联系且按一定顺序排列的封闭尺寸组即____________。

2．尺寸链具有____________和____________两大特性。

3．每个尺寸链至少由____个尺寸组成，构成尺寸链的每一个尺寸都称为____。

4．尺寸链中除________环以外的其余尺寸均称为组成环。

5．封闭环公称尺寸等于所有_________公称尺寸之和减去所有_________公称尺寸之和。

6．常用的装配方法有_______________装配法、_________装配法、_________装配法和_________装配法。

二、判断题（正确的打“√”，错误的打“×”）

1．绘制尺寸链简图时，不必绘出装配部分的具体结构，但必须按照严格比例绘出各有关尺寸。（　　）

2．分组装配法的装配精度取决于零件的加工精度。（　　）

3．分组装配法适用于小批量生产。（　　）

三、选择题（将正确答案的代号填入括号内）

1．在一个尺寸链中有(　　)个封闭环。

A．1　　　　B．2　　　　C．3

2．封闭环公差等于(　　)公差之和。

A．增环　　　　B．减环　　　　C．各组成环

3．根据装配精度（即封闭环公差）对装配尺寸链进行分析，并合理分配各组成环公差的过程称为(　　)。

A．装配方法　　　　B．解尺寸链　　　　C．检验法

四、名词解释

1．装配尺寸链

2. 封闭环

3. 增环

4. 减环

五、简答题

1. 什么是互换装配法？简述其特点及应用场合。

2. 什么是分组装配法？简述其特点及应用场合。

3．什么是修配装配法？简述其特点及应用场合。

4．什么是调整装配法？简述其特点及应用场合。

六、计算题

1．某尺寸链各环基本尺寸及极限偏差如图 6—4—1 所示，计算装配后封闭环 A_{Δ} 的极限尺寸。

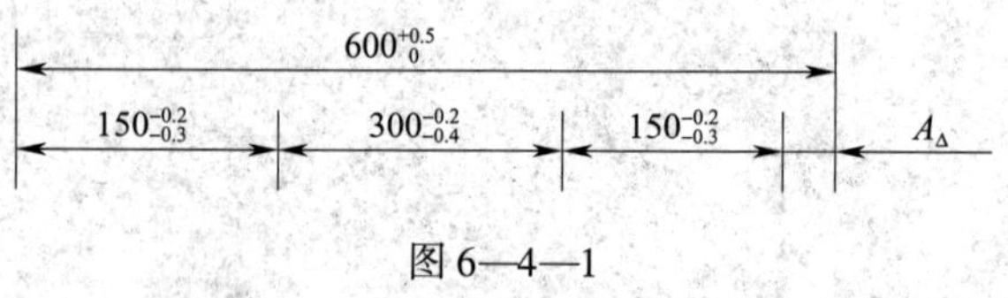

图 6—4—1

2．若加工图 6—4—2 所示的零件，现仅有外径千分尺供选用，求 A、B 面间应控制的极限尺寸。

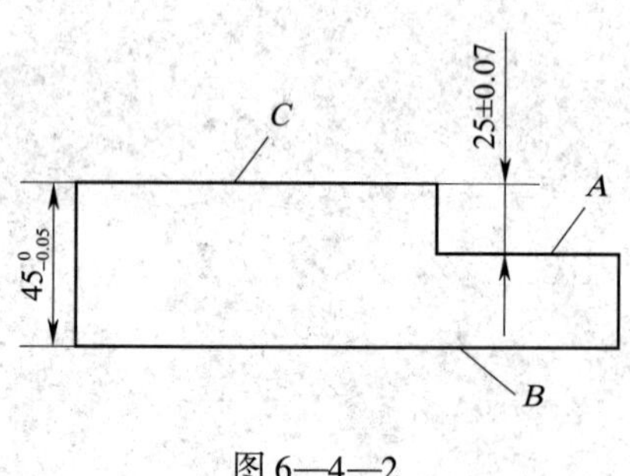

图 6—4—2

3．图 6—4—3 所示为齿轮轴装配示意图，按设计要求，齿轮轴端面和轴套之间必须保证 1 ~ 1.5 mm 的间隙，验算图中所给尺寸的极限偏差能否满足设计要求。

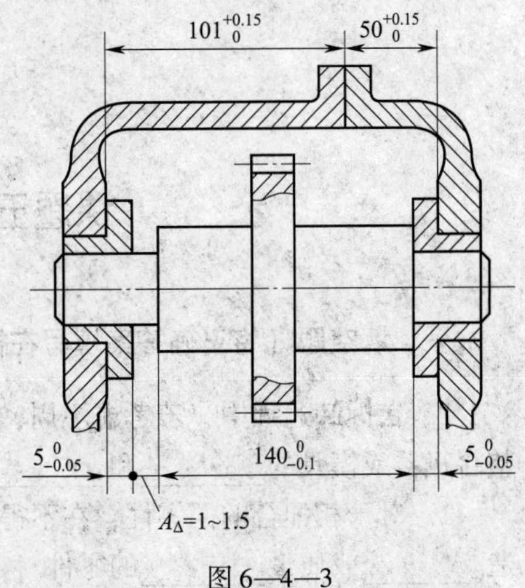

图 6—4—3

4．图 6—4—4 所示为齿轮箱部件示意图，其装配技术要求为轴向间隙 $A_{\Delta}=0.2\sim0.5$ mm。已知 $A_1=160$ mm，$A_2=140$ mm，$A_3=20$ mm，试用完全互换法解尺寸链。

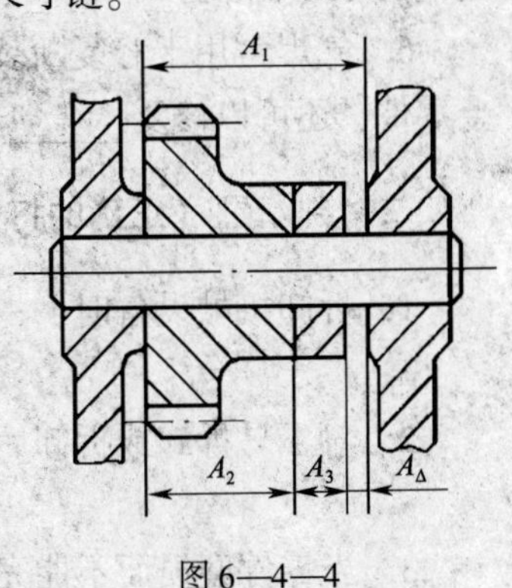

图 6—4—4

课题五　零件拆卸与修理

一、填空题（将正确答案填写在横线上）

1. 在拆卸过程中，若考虑不周，方法不当，就会造成被拆卸零部件________，甚至使整台机器或模具的________和________降低。

2. 对于相配合的两零件，在不得已必须采用破坏性拆卸时，应保存价值________、制造________或质量________的零件。

3. 常用拆卸过盈连接的方法有________法、________法、________法、加热法和破坏性拆卸法等。

4. 电镀修复法不但能恢复磨损零件的________，还能改善______________，提高________、________、耐腐蚀性等。

5. 金属喷涂修复法有________法和________法两种。此方法多用于____或________的修复，也可用来修复________、______________等。

6. 气焊常用于修复断裂损坏的________钢、________钢、________和有色金属及其合金零件，还可以修复________零件和______________合金。

二、判断题（正确的打“√”，错误的打“×”）

1. 拆卸机械设备时，一般从内部拆到外部，从下部拆到上部，先拆零件后拆部件。（　　）

2. 对不易拆卸或拆卸后会降低连接质量和损坏一部分连接零件的，应当尽量避免拆卸。（　　）

3. 当零件磨损而不能完成预定的使用功能时，必须修理或更换。（　　）

4. 当零件磨损使生产效率降低、工人劳动强度增加时，就应修理或更换。（　　）

5. 零件磨损或局部断裂时，可用焊接的方法进行修复。（　　）

6. 振动电堆焊常用于对主轴、花键轴、齿轮等零件进行修复。（　　）

三、选择题（将正确答案的代号填入括号内）

1．加热法是利用金属材料(　　)的物理特性，将包容件加热膨胀后进行拆卸的方法。

A．热胀冷缩　　B．受力变形　　C．具有弹性

2．(　　)是只有在拆卸焊接、铆接或严重锈蚀等固定连接件时，才不得已采用的保存主要零件、破坏次要零件的一种方法。

A．顶压法　　B．破坏法　　C．击卸法

3．电刷镀时，将专用直流电源的(　　)接到工件上，(　　)与刷镀笔相连接。

A．负极；正极　　B．正极；负极　　C．正极；地线

四、简答题

1．拆卸零件前应做好哪些准备工作？

2．简述拆卸的基本要求。

3．击卸法拆卸有什么特点？

4．零件常用的修复方法有哪些？

5．电刷镀技术的特点是什么？

6．常用的焊接修复方法有哪些？各应用于什么场合？

五、综合题

1. 在学习或生产过程中，哪些地方用到了本课题所学的拆卸与修理方法？试举例说明。

2. 说明在图 6—5—1 所示零件（轴承、齿轮）拆卸过程中会用到的拆卸方法，并说明其特点。

图 6—5—1

3．机械设备长期在各种环境（包括恶劣环境）中使用时，难免会受到各种物质的损害而影响使用寿命，因此要对其进行日常维护和保养。现需拆卸图 6—5—2 所示的滑动四柱导向模架，以进行后续的维护和保养。

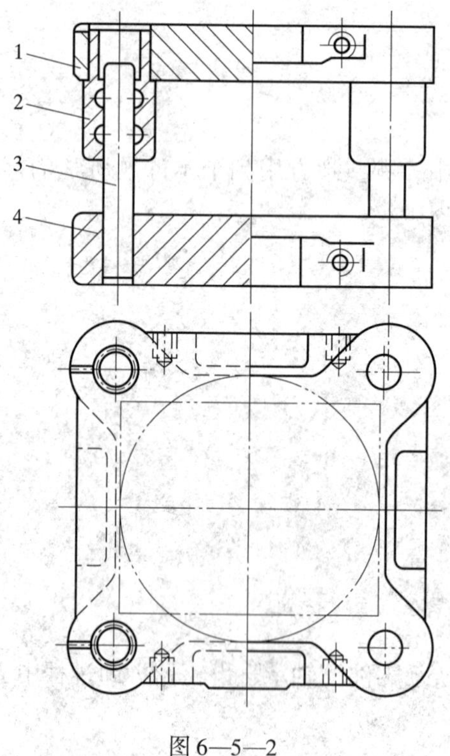

图 6—5—2

1—上模座　2—导套　3—导柱　4—下模座

（1）说明滑动四柱导向模架的拆卸工艺顺序。

（2）在拆卸过程中有哪些注意事项？

第七单元　固定连接的装配与修理

课题一　螺纹连接的装配与修理

一、填空题（将正确答案填写在横线上）

1．在机械产品中，零件之间的连接方法包括固定连接和________连接两种，其中最常见的固定连接有________连接、____连接、____连接和________连接等。

2．螺纹连接是一种可拆卸的________连接，具有______________、______________、______________等优点，在机械中应用非常广泛。

3．钩头扳手用于装拆____________。

4．________扳手主要用于有预紧力要求的场合。

5．棘轮扳手不用换位，反复扳动手柄即可________或________螺母或螺钉，具有使用方便、效率高等特点。

6．螺纹连接的主要类型有________连接、________连接、______________连接和______________连接等。

7．为了达到连接可靠和紧固的目的，螺纹连接装配时要施加一定的________力矩，保证螺纹牙间产生足够的____________和________力矩。

8．螺纹连接的配合精度由__________________和______________两个因素确定，分为________、________、________三种。

9．双头螺柱的装配必须保证与机体螺孔的配合有足够的____________。通常利用__________________________________来实现过盈配合而达到紧固的目的。

10．将双头螺柱拧入机体螺孔的方法很多，常用的有__________拧紧法和__________拧紧法两种。

二、判断题（正确的打“√”，错误的打“×”）

1．螺钉旋具的规格用旋体长度表示。　（　　）

2．活扳手的规格用开口最大尺寸表示。　（　　）

3．用双螺母拧紧双头螺柱是将两个螺母相互锁紧在双头螺柱上，再转动螺母将双头螺柱拧入螺孔。　（　　）

4．使用串联钢丝法防松时，应注意钢丝的穿绕方向。　（　　）

5．槽螺母防松多用于承受静载荷和工作平稳的场合。　（　　）

6．螺纹连接的预紧就是在正常状态下把螺纹拧紧后，再加大拧紧力量，使螺纹连接在承受工作载荷之前受到预紧力的作用。　（　　）

三、选择题（将正确答案的代号填入括号内）

1. 梅花扳手的特点是承载能力大、换位转角小，适用于工作空间狭小而不能容纳普通扳手的场合，其最小换位转角为（　　）。

A. 30°　　B. 45°　　C. 60°

2. 装配双头螺柱时，其轴线必须与机体表面（　　）。

A. 同轴　　B. 平行　　C. 垂直

3. 拧紧成组螺钉或螺母时，应从（　　）、分层次、逐步拧紧，以确保连接件及螺钉受力均匀。

A. 左端开始向右端　　B. 右端开始向左端　　C. 中间开始向两边对称

4. 螺纹连接的机械防松包括（　　）防松。

A. 止动垫圈　　B. 弹簧垫圈　　C. 双螺母

5. 在装配有预紧力要求的螺纹连接时，要选用（　　）。

A. 棘轮扳手　　B. 扭力扳手　　C. 梅花扳手

6. 螺纹连接一般都具有自锁性，通常情况下不会自行松脱，但在冲击、振动或交变载荷下，为避免螺纹连接松动，必须采取有效的（　　）措施。

A. 预紧　　B. 防护　　C. 防松

四、简答题

1. 螺纹连接的主要类型有哪几种？各有什么特点？适用于什么场合？

2. 螺纹连接的装配技术要求有哪些?

3. 螺纹连接预紧的目的是什么?常用预紧力的控制方法有哪几种?

4. 常用螺纹连接的防松方法有哪些?各用在什么场合?

5. 螺纹连接的损坏形式有哪几种?应如何进行修理?

五、综合题

1．图 7—1—1 所示为轴端盖，需要采用螺纹连接将其与箱体连接，试分析在内、外圈螺孔处拧紧螺钉的操作顺序。

图 7—1—1

2．在生活中，部分螺纹连接件没有得到良好的周期性保养，导致螺钉、螺柱因锈蚀难以拆卸，如图 7—1—2 所示。在学习了本课题后，你有什么更好的方法进行拆卸？

图 7—1—2

3．螺纹连接一般具有自锁性，通常情况下不会自行松脱，但由于联轴器在工作时常常进行换向、变速等操作，容易导致螺纹连接松动。某操作工采用了如图 7—1—3 所示的防松措施，该防松措施是否正确？为什么？若不正确应采取什么防松措施？

图 7—1—3

课题二　键连接的装配与修理

一、填空题（将正确的答案填在横线上）

1．键连接是通过____实现轴和轴上零件间的________固定以传递运动和转矩。

2．键连接可分为________连接、________连接和________连接。

3．松键连接分为______________连接、____________连接、______________连接和________连接。

4．普通平键连接靠键的________传递转矩，只对轴上零件做________固定，不能承受________力，轴与轮毂的________度较好。

5．滑键连接是将键固定在________上，键随________一起沿________滑动，适用于轴向移动距离较____的场合。

6．楔键连接靠________作用传递转矩，能________固定零件，并传递单方向的________力，但使轴上零件与轴的配合产生偏心和歪斜，多用于对中性要求________、转速________的场合。

7．花键连接按齿形不同分为________花键连接和______________花键连接；按使用要求不同分为____花键连接和____花键连接。

8．花键连接具有承载能力____、传递转矩____、同轴度____和导向性____等优点，但制造成本高，适用于载荷____和同轴度要求____的传动机构中。

二、判断题（正确的打“√”，错误的打“×”）

1．松键连接不如紧键连接的对中性好。（　　）

2．普通楔键连接中，楔键的上、下两面是工作面，键侧与键槽间有一定的间隙。（　　）

3. 导向平键用螺钉固定在轴上的键槽中，轮毂沿键的侧面做轴向滑动，应用于轮毂沿轴向移动距离较大的场合。（　　）

4. 装配紧键时，要用涂色法检查键两侧面与轴槽和毂槽的接触情况。（　　）

三、选择题（将正确答案的代号填入括号内）

1. 松键装入键槽后，键的顶面与轮毂键槽底部应有一定的（　　）。
   A. 过盈　　B. 间隙　　C. 过盈或间隙
2. 松键连接能保证轴与轴上零件有较高的（　　）。
   A. 同轴度　　B. 垂直度　　C. 平行度
3. 钩头楔键装配后，键的钩头应与轮毂端面间（　　）。
   A. 有一定间隙　　B. 紧贴　　C. 靠近
4. 轴上零件轴向移动量较大时，则采用（　　）连接。
   A. 半圆键　　B. 导向平键　　C. 滑键
5. 动花键连接装配时，内花键零件应能在花键轴上（　　）。
   A. 固定不动　　B. 自由滑动　　C. 自由转动

四、简答题

1. 松键连接的装配技术要求有哪些？

2. 简述松键连接的装配要点。

3. 花键连接的定心方式有哪几种？国家标准《矩形花键尺寸、公差和检验》（GB/T 1144—2001）中只规定了哪一种？为什么只规定这一种？

4. 键的损坏形式有哪几种？应如何修理？

五、综合题

键连接因具有结构简单、工作可靠、装拆方便等优点，在机械中应用广泛。图 7—2—1 所示齿轮变速箱中各齿轮采用了何种键连接？各有何特点？

图 7—2—1

课题三　销连接的装配与修理

一、填空题（将正确的答案填在横线上）

1. 销连接在机械中的主要作用是________、________和______________。
2. 圆锥销具有______的锥度，以____端直径和________代表其规格。
3. 销连接装配时，被连接件的两孔应________钻削、铰削。
4. 小端带外螺纹的圆锥销可用螺母锁紧，适用于有________的场合。

二、判断题（正确的打"√"，错误的打"×"）

1. 圆柱销多次装拆对连接的紧固性及定位精度影响较小。（　　）
2. 钻削圆锥销孔时，应按圆锥销大端直径选用钻头。（　　）
3. 圆柱销一般利用微量过盈固定在销孔中，用于定位和连接。（　　）
4. 圆锥销装拆比圆柱销方便，多次装拆对连接的紧固性及定位精度影响较小，可用来连接和定位。（　　）

三、选择题（将正确答案的代号填入括号内）

1. 定位销的数目一般为（　　）个。

A. 1　　B. 2　　C. 3

2. （　　）安装方便，定位精度高，适用于多次装拆的场合。

A. 开口销　　B. 圆柱销　　C. 圆锥销

四、简答题

1. 简述圆柱销的特点及应用。

2. 简述圆锥销的装配方法。

3．简述销连接的修理方法。

五、综合题

1．列举三个生产或实训过程中销连接的应用实例。

2．分析图 7—3—1 所示销连接的应用，回答下面的问题。

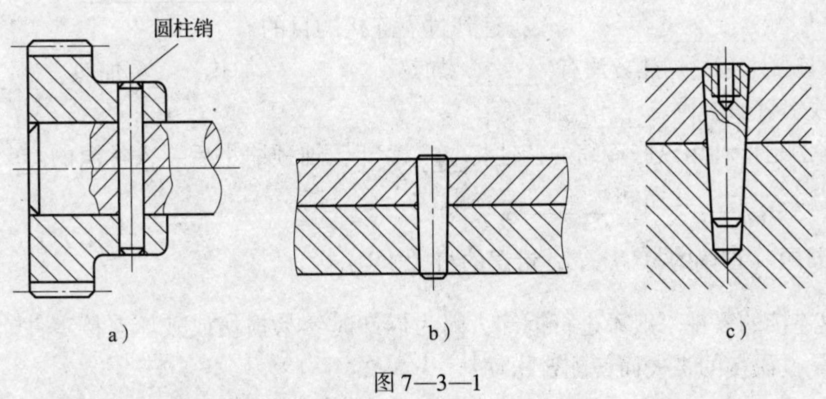

图 7—3—1

（1）图 a、图 b、图 c 分别采用圆柱销、______销、________销进行连接。

（2）图 a、图 b、图 c 所示销的作用分别是：________、______、________。

（3）若在使用过程中图 a、图 b、图 c 所示三个销出现不同程度的损坏，应如何进行拆卸？如何进行修理？

课题四　过盈连接的装配与修理

一、填空题（将正确答案填写在横线上）

1．过盈连接是靠________和________配合后的________来达到紧固连接目的的一种连接方法。

2．过盈连接能传递转矩、____力和一定的____载荷，具有结构简单、同轴度____、承载能力____等优点。

3．热胀法是指利用金属材料热胀冷缩的物理特性，将________加热胀大，再将常温状态的________压入，达到过盈连接的目的。

4．过盈连接常用的加热方法有____加热、____加热、____加热、________加热、红外线辐射加热和____加热等。

5．冷缩法是指利用热胀冷缩的特性将____冷却，轴颈缩小后装入常温的____中。常用的方法是采用____冷缩和____冷缩。

二、判断题（正确的打“√”，错误的打“×”）

1．过盈连接的零件一般不进行拆卸，因为拆卸时容易损伤或破坏连接零件。过盈连接的损坏形式是过盈量的丧失而使配合松动。（　　）

2．利用液压套合法装卸过盈连接时，需要很大的轴向力，而且容易损伤配合表面。（　　）

3．液压套合法适用于圆柱面过盈连接的装配。（　　）

4．过盈连接对配合面加工精度要求较高，装拆比较困难。（　　）

三、选择题（将正确答案的代号填入括号内）

1．过盈连接装配时，压入过程应连续，速度要稳定，不宜太快，一般以（　　）mm/s为宜。

A. 2 ~ 4　　B. 3 ~ 5　　C. 4 ~ 6

2. 装配圆柱面过盈连接时，相配合的孔口和轴端应有（　　）的倒角，以便于装配。

A. 3° ~ 5°　　B. 4° ~ 6°　　C. 6° ~ 8°

3. 用油作为加热介质时，其温度可控制在（　　）°C 之间。

A. 80 ~ 100　　B. 100 ~ 120　　C. 90 ~ 230

4. 过盈连接修复时，一般首先修复（　　），以此为基准改变另一配合件的尺寸，使轴、孔重新产生需要的过盈量。

A. 孔　　B. 轴　　C. 孔和轴均可

四、简答题

1. 简述过盈连接的装配技术要求。

2. 简述常用的圆柱面过盈连接的装配方法。

3. 简述常用的圆锥面过盈连接的装配方法。

五、综合题

1. 列举几个实际生产或生活中过盈连接的例子，并说明其装配与修理方法。

2. 简述管接头连接装配的训练要点。

第八单元　机 床 夹 具

课题一　机床夹具概述

一、填空题（将正确答案填写在横线上）

1. 在机床上用以________工件（或引导刀具）的装置称为机床夹具。它广泛应用于机械________、________、________等工艺过程中。

2. 一般机床夹具至少由__________、________元件和________装置这三部分组成。而________元件或某些________装置则根据夹具的作用和要求而定。

3. 机床夹具按通用特性可分为________夹具、________夹具、________夹具、________夹具、________夹具和________夹具。

4. 使用机床夹具时，零件的加工精度主要取决于________的制造精度，且在成批生产时能始终保持加工精度的____________。

二、判断题（正确的打“√”，错误的打“×”）

1. 使用机床夹具可保证加工精度，提高劳动生产率，扩大机床的加工范围。（　　）

2. 确定工件在机床上或夹具中占有正确位置的元件（起定位作用的零部件）称为导向元件。（　　）

3. 将工件固定，使其在加工过程中保持位置不变的装置称为定位元件。（　　）

4. 机床夹具主要适用于单件或小批量生产的场合。（　　）

三、简答题

机床夹具在机械加工中的作用是什么？

课题二　工件的定位

一、填空题（将正确答案填写在横线上）

1．工件加工时应限制的自由度取决于______________，定位支承点的分布取决于______________。

2．夹具中的支承分为________支承和________支承两类。

3．基本支承是用来限制工件自由度，具有独立定位作用的定位支承。常用的有____________、____________、____________和____________等。

4．工件以外圆柱面定位时，常用的定位元件有____________、____________。

5．工件以圆柱孔定位时，常用的定位元件有____________、____________和________。

6．填写图 8—2—1 所示各定位方式限制的自由度。

图 a 限制______________；图 b 限制____________；图 c 限制______________；图 d 限制________________；图 e 限制_______________；图 f 限制______________；图 g 限制_______________；图 h 限制______________。

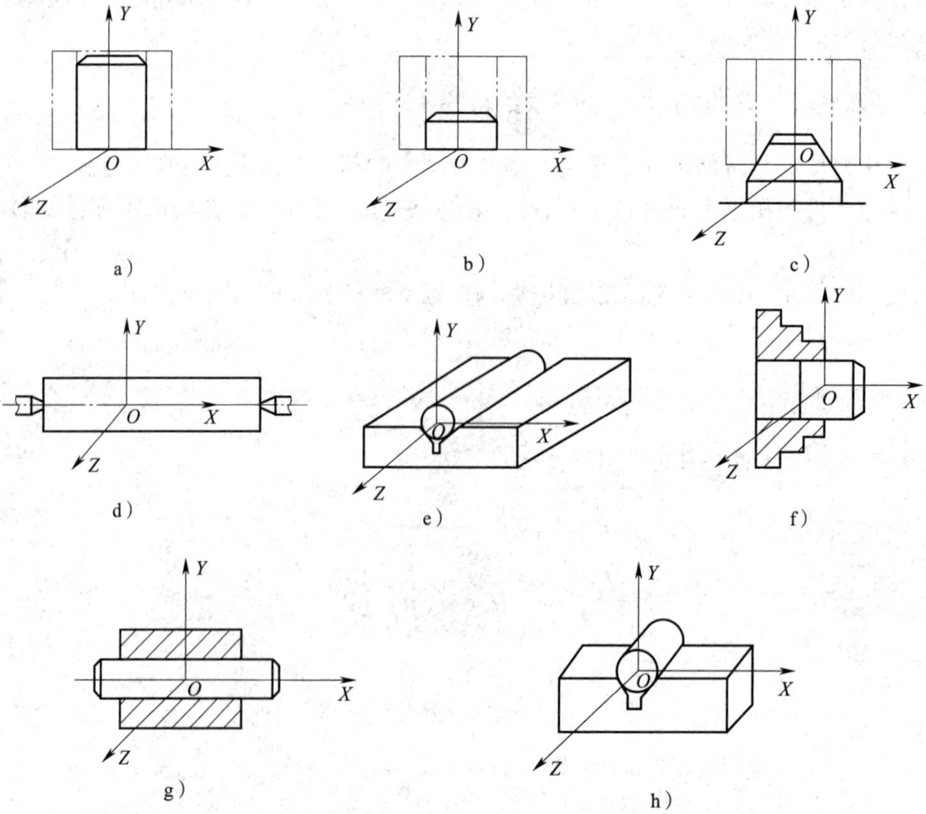

图 8—2—1

二、判断题（正确的打“√”，错误的打“×”）

1. 长方体工件定位时，主要定位基准面上的三个支承点必须分布在同一直线上。（　　）
2. 防转支承应尽可能远离回转中心，以减小转角误差。（　　）
3. 过定位一般是允许的，而欠定位是绝不允许的。（　　）
4. 具有独立定位作用且能限制工件自由度的支承称为辅助支承。（　　）
5. 基本支承中的支承板适用于工件精基准定位。（　　）
6. 圆柱体工件在短 V 形架上定位可限制四个自由度。（　　）
7. 工件以圆柱孔在较长心轴上定位可限制两个自由度。（　　）

三、选择题（将正确答案的代号填入括号内）

1. 如果在一个平面上布置三个支承点，则三个支承点所组成三角形的面积应（　　）。

A. 尽量大　　B. 尽量小　　C. 可大可小

2. 工件在夹具中定位时，被夹具的三个支承点限制三个自由度的面称为（　　）。

A. 主要定位基准面　　B. 导向定位基准面　　C. 止推定位基准面

3. 用一个大平面对工件进行定位可限制工件的（　　）个自由度。

A. 2　　B. 3　　C. 4

4. 长方体工件定位时，在导向基准面上分布（　　）个支承点。

A. 1　　B. 2　　C. 3

5.（　　）是指工件实际定位时所限制的自由度数目少于按加工要求所必须限制的自由度数目。

A. 欠定位　　B. 完全定位　　C. 过定位

6.（　　）主要用于工件刚度较小，而且定位基准面的形状和位置误差较大的场合。

A. 支承钉　　B. 可调支承　　C. 自位支承

7. 利用已精加工且面积较大的平面定位时，应选用的基本支承是（　　）。

A. 支承钉　　B. 支承板　　C. 辅助支承

8. 工件以外圆柱面定位，采用长定位套定位时，可限制（　　）自由度。

A. 2 个移动　　B. 2 个转动　　C. 2 个移动和 2 个转动

四、名词解释

1. 定位

2. 完全定位

3．不完全定位

五、简答题

1．什么是六点定位规则？

2．欠定位对加工有什么影响？

3．什么是过定位？过定位对加工有什么影响？如何正确处理过定位？

4．选择工件定位基准时应注意哪些问题？

5. 根据六点定位规则，说明图 8—2—2 所示各工件定位时应限制的自由度。

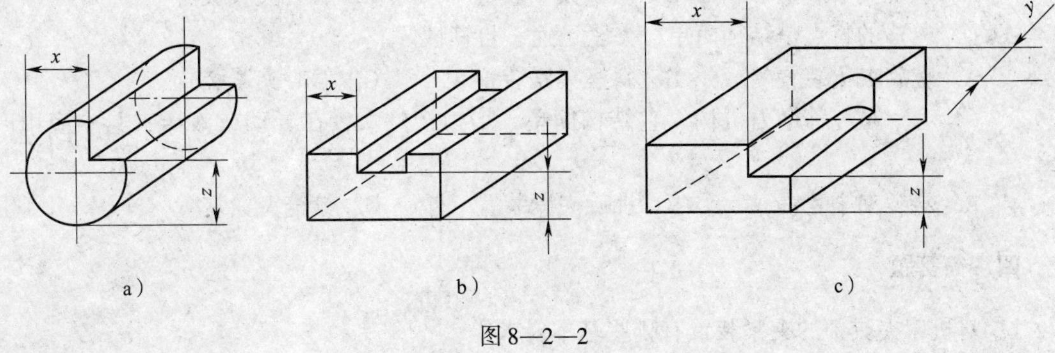

图 8—2—2

课题三　工件的夹紧

一、填空题（将正确答案填写在横线上）

1. 夹紧装置的合理、可靠和安全性对工件的加工________和________有着重大影响。

2. 工件的夹紧力包括________、________和__________三要素。

3. 常用的夹紧装置有________夹紧装置、________夹紧装置、________夹紧装置和________夹紧装置。

4. 偏心夹紧装置具有________简单、________迅速、__________好的特点，常用的偏心零件有__________和__________等。

二、判断题（正确的打“√”，错误的打“×”）

1. 为使斜楔有自锁作用，斜楔的斜面升角应大于摩擦角。（　　）

2. 选择夹紧力大小的前提：必须保证工件在加工过程中的位置始终保持不变。（　　）

3. 偏心夹紧装置是通过偏心轮旋转中心与几何中心相重合而起夹紧作用的。（　　）

三、选择题（将正确答案的代号填入括号内）

1.（　　）是利用螺杆旋进夹紧工件的。由于其结构简单，夹紧可靠，在夹具中应用广泛。缺点是夹紧和松开工件时比较费时、费力。

A. 螺旋夹紧装置　　B. 斜楔夹紧装置　　C. 偏心夹紧装置

2.（　　）的特点是结构简单、夹紧迅速、自锁性好。

A. 螺旋夹紧装置　　B. 斜楔夹紧装置　　C. 偏心夹紧装置

3.（　　）是一种增力机构，它结构简单，增力倍数大，在气动或液压夹具中应用广泛。

A. 斜楔夹紧装置　　B. 螺旋夹紧装置　　C. 铰链夹紧装置

四、简答题

1. 对机床夹具中的夹紧装置有哪些基本要求？

2. 选择夹紧力方向时应遵循哪些基本原则？

3. 如何选择夹紧力的作用点？

五、综合题

在车床上利用三爪自定心卡盘加工如图 8—3—1 所示的阶梯轴，若先加工 ϕ20 mm、ϕ15 mm 轴，再调头加工 ϕ25 mm 轴，分析加工时的定位和夹紧方式是否符合要求。

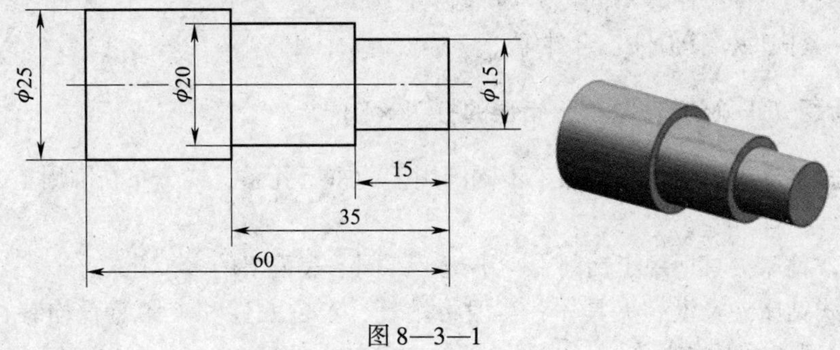

图 8—3—1

课题四　钻床夹具与组合夹具

一、填空题（将正确答案填写在横线上）

1．在钻床上进行____孔、____孔、____孔等孔加工时所用的机床夹具称为钻床夹具（俗称钻模）。

2．常用的钻床夹具有________、________、________、________和

盖板式等类型。

3．当加工中、小型工件分布在不同表面上的孔时，可选用__________钻床夹具。

4．组合夹具由一套预先制定好的有各种不同形状、不同尺寸的高精度____________和__________组成。

5．组合夹具元件按用途不同可分为基础件、_______件、_______件、_______件、_______件、紧固件、其他件、合件等。

二、判断题（正确的打“√”，错误的打“×”）

1．回转式钻床夹具主要用于加工不同圆周上的平行孔系，或分布在圆周上的径向孔。（　）

2．移动式钻床夹具适用于钻削中、小型工件同一表面上的多个孔。（　）

3．盖板式钻床夹具没有夹具体，一般将钻套、定位元件和夹紧装置均装在钻模板上，多用于加工大型工件上的小孔。（　）

4．组合夹具通用性能好，主要用于新产品试制或单件、小批量生产及临时突击性生产。（　）

5．组合夹具的基础件主要用作不同高度或角度关系的支承，包括各种方形支承、长方形支承、伸长板、角铁支承和角度垫板等。（　）

6．组合夹具的合件是一种由多元件组成的结构较复杂的标准部件，如分度组件等。（　）

7．定位件主要用于工件的定位及确定元件与元件之间的相对位置，如各种定位销、定位盘、定位支承、V 形支承、定位键等。（　）

三、简答题

组合夹具有哪些特点？

四、综合题

1. 制定图 8—4—1 所示铣床夹具的装配与检验工艺方案。

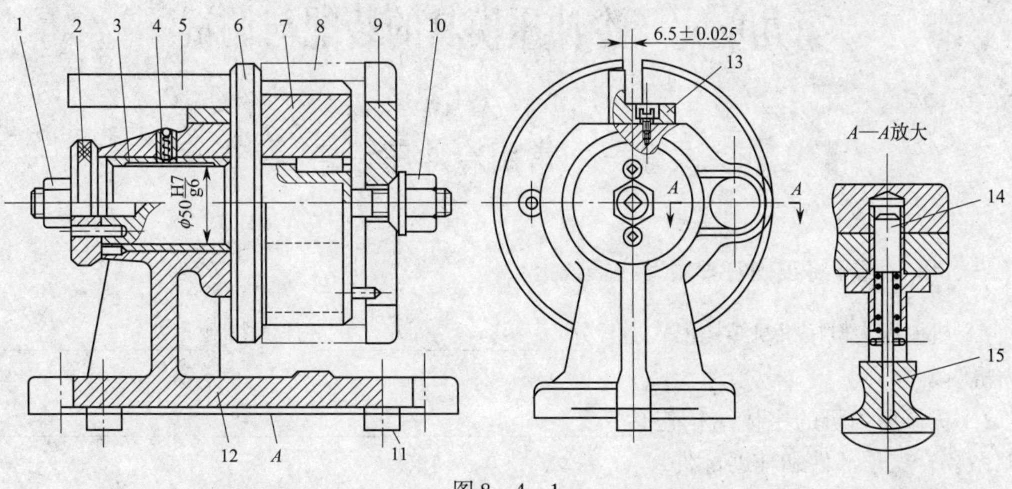

图 8—4—1

1、10—螺母　2—调整螺母　3—轴套　4—油杯　5—导向件　6—带轴分度盘

7—定位套　8—工件　9—开口压板垫圈　11—定位键　12—夹具体

13—对刀块　14—定位销　15—对定装置

2. 制定图 8—4—2 所示双臂曲柄零件钻孔组合夹具的装配工艺方案。

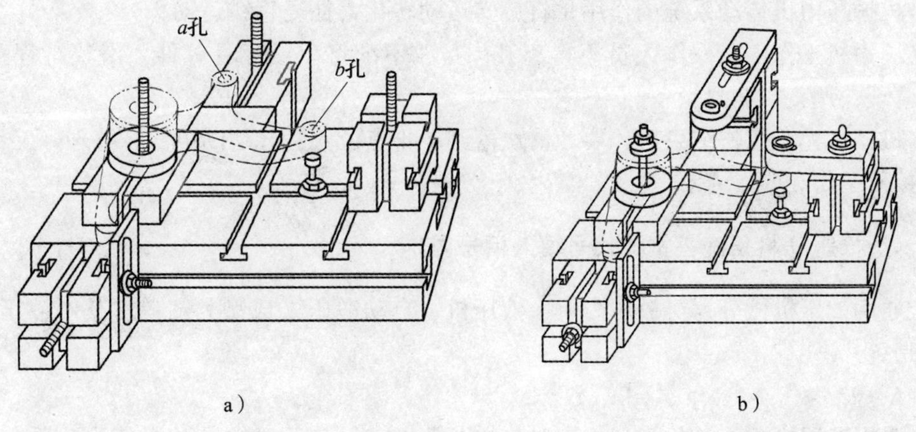

图 8—4—2

第九单元　冷冲压模具的装配与调试

课题一　常用冷冲压设备

一、填空题（将正确答案填写在横线上）

1．机械压力机按机身结构形式通常分为＿＿＿＿＿＿＿＿压力机和＿＿＿＿＿＿＿＿压力机两大类。

2．机械压力机的主体结构包括＿＿＿＿＿＿＿、＿＿＿＿＿＿＿、＿＿＿＿＿＿＿、能源系统、支承部件和辅助部件。

3．液压机通常由＿＿＿＿＿＿＿、＿＿＿＿＿＿＿、＿＿＿＿＿＿＿、辅助机构和工作介质组成。

4．锻压机械型号中的主参数表示＿＿＿＿＿＿＿＿，其数值位于组、型（系列）或特性代号之后，并用＿＿隔开。有两个或多个主参数的，中间以“＿＿”或“＿＿”分开。

5．液压机是一种以＿＿＿＿＿＿为传动介质，根据帕斯卡原理制成的用于传递能量以实现各种工艺的机器。

二、判断题（正确的打“√”，错误的打“×”）

1．机械压力机传动系统的作用是将旋转运动转化为往复直线运动。（　　）

2．压力机工作中，操作人员不得离开岗位，不准将手或工具等伸入滑块行程范围内，但可以清理、调整、润滑设备。（　　）

3．机械压力机工作结束后，要使滑块落到下止点位置，并切断电源，整理好工作场地，做好交接班工作。（　　）

三、选择题（将正确答案的代号填入括号内）

1．通用锻压机械分为机械压力机、液压机、自动锻压（成型）机等，其中液压机的字母代号是（　　）。

A．J　　B．Y　　C．Z

2．通用锻压机械主参数为公称力时（单位为 kN），表示主参数的数值为公称力实际数值的（　　）。

A．十倍　　B．一倍　　C．十分之一

3．调整压力机的闭合高度时应采用（　　）。

A．连续行程　　B．单次冲程　　C．寸动冲程

4．液压机一般采用液压泵作为动力机构，一般为容积式液压泵，低压（液压小于

2. 5 MPa）用（　　）泵，中压（液压小于 6. 3 MPa）用（　　）泵，高压（液压小于 32. 0 MPa）用（　　）泵。

A. 柱塞　　B. 齿轮　　C. 叶片

四、名词解释

1. 冷冲压加工

2. 机械压力机

五、简答题

1. 简述机械压力机的工作原理。

2. 为什么在机械压力机中要设置飞轮？

3. 简述机械压力机使用时的注意事项。

4. 液压机与机械压力机相比有什么特点？

5. 简述液压机的工作原理。

课题二　冷冲压模具的装配

一、填空题（将正确答案填写在横线上）

1. 根据工艺性质分类，冷冲压模具可分为________模、________模、________模和成型模。

2. 根据工序组合方式分类，冷冲压模具可分为____________模、________模和级进模。

3. 根据导向方式分类，冷冲压模具可分为无导向冲模、________模、________模。

4. 导板模比无导向模的精度____，可达 IT ___级以上，使用寿命也较长，使用时安装较________，卸料可靠，操作较安全，轮廓尺寸也不大，适用于料厚 $t \geqslant 0.5$ mm 且形状不十分复杂的________型零件的批量冲压。

5. 导柱式单工序落料模的上、下模正确位置利用________和________的导向来保证。

6. 拉深模可分为____拉深模、____拉深模和变薄拉深模。

7. 冷冲压模具是一个完整的独立整体，它由各种不同零部件组合而成，按功能不同，分为_________________零件和_________________零件。

8. 工艺结构零件直接参与完成冲压过程，包括________零件，________零件，压料、卸料及送料零件等。

9. 标准模架按导向形式的不同可分为________导向模架和________导向模架。

10. 凸模装配好后，应检查其与上模座的____________，然后将固定板的上平面与凸模尾部一起________。为了保证________刃口锋利和平齐（指冲裁模），应将凸模的工作端面磨平。

二、判断题（正确的打“√”，错误的打“×”）

1. 导板式单工序冲裁模的导板与凸模为过渡配合。（　）

2. 采用级进模的生产效率较高，便于实现自动化，操作方便，安全可靠，适合零件的大批量生产。（　）

3. 装配有模架的模具时，一般应先将模具工作零件装配好后，再装配模架和其他结构零件。（　）

4. 装配过程中，不能用锤子直接敲打模具零件，而应用铜棒进行装拆。（　）

5. 冲裁模具有结构简单、制造容易、周期短、成本低的优点。（　）

6. 导柱式冲裁模的导向比导板模可靠，精度高，使用寿命长，使用及安装方便，但轮廓尺寸较大，模具较重，制造工艺复杂，成本较高。（　）

7. 拉深模是冷冲压生产中应用最为广泛的一种高效率加工模具。（　）

8. 采用弯曲模的生产效率较高，但难以实现生产的自动化，操作也比较复杂，不适合零件的大批量生产。（　）

9. 冷冲压模具中辅助结构零件不与毛坯直接发生作用，但对模具完成工艺过程起保证作用，或起完善模具功能的作用。（　）

三、选择题（将正确答案的代号填入括号内）

1. 下列零件中不属于辅助结构零件的是（　　）。

A. 定位零件　　B. 导向零件　　C. 固定零件

2. 冷冲压模具上模座的上平面与下模座的底面必须平行，一般要求在（　　）mm 长度上误差不大于 0.02 mm。

A. 50　　B. 300　　C. 1 000

3. 冷冲压模具的模柄装入上模座后，其轴线对上模座上平面的垂直度误差在全长范围内不大于（　　）mm。

A. 0.05　　B. 0.5　　C. 2

4. 模具间隙的调整方法中，测量法只适用于凸、凹模配合间隙（单边）在（　　）mm 以上的模具。

A. 0.015　　B. 0.01　　C. 0.02

四、名词解释

1. 冷冲压模具

2. 冲裁模

3. 弯曲模

4. 拉深模

5. 级进模

6. 复合模

五、简答题

1. 无导向单工序落料模的特点是什么?

2. 导柱式单工序落料模的特点是什么?

3. 复合模的特点是什么?它与级进模有什么不同?

4. 什么是模架?模架的作用是什么?

5. 简述冷冲压模具的装配技术要求。

6. 简述常用的检查及调整模具间隙的方法。

六、综合题

导柱和导套的装配如图 9—2—1 所示。分别写出用先压入导柱法和先压入导套法装配的顺序。

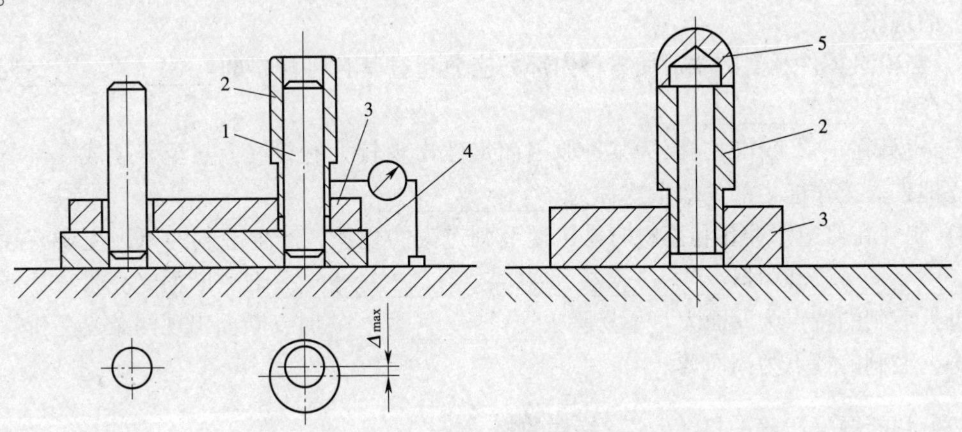

图 9—2—1

1—导柱　2—导套　3—上模座　4—下模座　5—球形压块

课题三　冷冲压模具的安装、调试与维修

一、填空题（将正确答案填写在横线上）

1. 冲裁模试冲时，常见故障有进料____________或料被卡死、刃口________、卸料不正常或冲件质量不好等。

2. 弯曲模试冲时，如弯曲位置偏移，可采用的调整方法：调整____________位置，修磨________圆角，加大压料力，调整凸模和凹模位置。

3. 经常观察设备和模具的______________，如有异常应及时处理，发生故障时应立即________。

4. 判断模具是否因磨损而失效的主要标准是制件的______________，当制件的尺寸超出允许的公差范围时即表示模具________。

5. 在压力机上对冷冲压模具的间隙面进行修配时，可借助黏土等辅助研配。在修配过程中一定要小心，开动压力机时尽量____，必要时可用调整____的方法研配，以避免发生刃口啃坏的现象。

6. 当模具零件承受的载荷使零件内部的应力超过其自身材料的______________时，零件就会产生______________。

7. 模具在正常工作时，因为某种原因而突然出现较大的裂纹，甚至分裂成几部分，使模具立即丧失工作能力的失效形式称为______________。

8. 制件在修边、冲孔和落料时易出现毛刺过大的现象，产生毛刺的原因主要有模具刃口______________和刃口______________两类。______________时，断面光亮带很小或基本看不见，毛刺的特点为厚而大，不易除去；______________时，断面出现两条光亮带，由于间隙小，毛刺的特点为高而薄。

二、判断题（正确的打“√”，错误的打“×”）

1. 搬运模具时要小心轻放，不允许乱扔、乱摔。安装和拆卸大型模具时应使用起吊设备，防止摔坏模具。（　　）

2. 冲裁作业时可以叠片冲裁。（　　）

3. 手工操作时，压力机不允许采用连续行程。必须保证送件、取件动作完成后，才开始下一次工作行程或工作循环。（　　）

4. 部分重载模具（如冷挤压模）的有效寿命主要取决于疲劳失效，部分冷热温差很大的模具（如压铸模）的有效寿命主要取决于热疲劳失效。（　　）

5. 刃口崩刃很小时，通常要将崩刃处用砂轮机磨大些，以保证焊接牢固，不易再次崩刃。（　　）

6. 冲孔模产生毛刺后，如果是凸模或凹模磨损，可以找相应的标准件进行更换，如果没有标准件，可以采用补焊或测绘的方法进行制造。（　　）

7. 在翻边和整形过程中往往会出现制件变形现象，非表面件一般不会对制件的质量产

生多大影响，但表面件只要有一点变形就会给外观带来很大的质量缺陷，影响产品的质量。（　　）

三、选择题（将正确答案的代号填入括号内）

1. 拉深模试冲时，如出现表面质量不好的现象，可以采取的调整方法：清理工作表面，（　　），修磨凸模和凹模。

A. 调整压边力　　B. 调整凸模和凹模的间隙

C. 对凸模和凹模进行抛光

2. 修理冷冲压模具崩刃时，刃口间隙要合理，对于钢板冲压模，单边刃口间隙取板料厚度的（　　）。

A. 1/5　　B. 1/10　　C. 1/20

3. 若冲压件产生屑料阻塞的原因是材质较软，应采用的修理方法是（　　）。

A. 修改冲裁间隙　　B. 加大漏料孔间隙　　C. 修磨刃口

4. 在拆装和调整冷冲压模具时，紧固用螺栓的旋合长度应大于螺栓直径的（　　）倍。

A. 0. 5　　B. 1　　C. 2

四、简答题

1. 试模时的注意事项有哪些？

2. 如何正确选择和使用冷冲压设备？

3. 简述冷冲压模具在使用与维护时的安全文明生产要求。

4．冷冲压模具失效的基本形式有哪些？它们之间的关系是什么？

5．冷冲压模具出现拉毛现象时应如何解决？

6．冷冲压模具在修边和冲孔过程中，若出现带料现象，应如何解决？

7．简述翻边整形制件变形的原因及修理方法。

8．简述冲压件产生跳屑压伤的原因及修理方法。

五、综合题

1. 制定图 9—3—1 所示单工序落料模的装配与调试工艺方案。

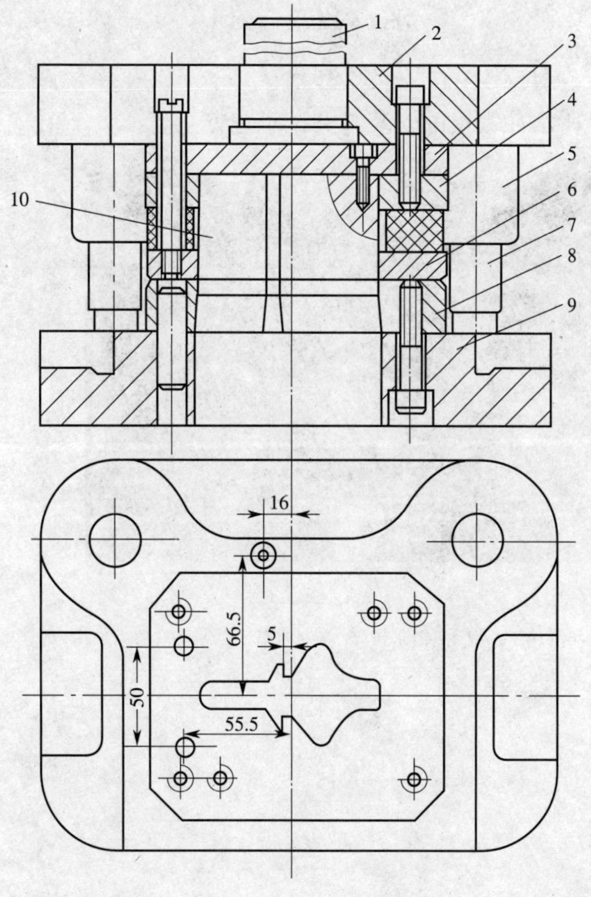

图 9—3—1

1—模柄　2—上模座　3—垫板　4—凸模固定板　5—导套
6—卸料板　7—导柱　8—凹模　9—下模座　10—凸模

2．制定图 9—3—2 所示冲裁模的安装与调试工艺方案。

图 9—3—2

1—滑块　2—模柄锁紧螺栓　3—冲模　4—压板　5—工作台

第十单元　塑料成型模具的装配与调试

课题一　常用塑料成型设备

一、填空题（将正确答案填写在横线上）

1. 塑料成型模具根据其成型特点主要分为________、________、挤出模和中空吹塑模。

2. 压缩模的成型特点是将热固性塑料放在模具______内，在压力机上通过加热板对其加热、加压后使其软化______型腔，经保温、保压一定时间后，软化的塑料就______成与型腔相应形状的零件。

3. 塑料注射机从外形上一般可分为______塑料注射机、______塑料注射机、角式塑料注射机三种。

4. 液压式塑料注射机由______驱动来提供机器锁模、射胶动作的能量。全电动塑料注射机则由________来控制。

5. 塑料注射机由______系统、______系统、液压装置和电气控制系统四大部分组成。

6. 塑料注射机开机前，应检查设备________装置是否完好，工作是否灵敏可靠。检查“________”是否有效可靠，安全门______是否灵活，开关时是否能够触动________。

7. 注射成型是一个循环过程，每一周期主要包括定量加料、________、________、________、________。取出塑料制件后再闭模，进行下一个循环。

8. 塑料注射机开机时，应当先合上机床总电源开关，检查设备是否漏电，按设定的工艺温度要求给料筒、模具______，在料筒温度达到工艺温度时必须保温___min 以上，以确保料筒各部位温度均匀。

二、判断题（正确的打“√”，错误的打“×”）

1. 卧式塑料注射机的特点是重心高，工作平稳，模具安装、操作及维修均较方便，模具开距小，占用空间高度小。　（　　）

2. 注射系统是塑料注射机的主要部分，其作用是使塑料均匀地塑化并达到流动状态，在很高的压力和较低的速度下，通过螺杆或柱塞的推挤注射入模。　（　　）

3. 非当班操作者未经允许不准按动各按钮、手柄，不许两人或两人以上同时操作同一台塑料注射机。　（　　）

4. 操作者必须使用安全门，如安全门行程开关失灵则不准开机，严禁不使用安全门

操作。（　　）

5．有人在处理机器或模具时，只要不是在修理电动机，就可以启动电动机。（　　）

6．机床运行中发现设备有响声、异味、火花、漏油等异常情况时，应立即靠近异常部位仔细观察，并向有关人员报告，不必停机，以免影响生产。（　　）

三、选择题（将正确答案的代号填入括号内）

1．各种规格截面的连续制件如管材、棒材等通常是使用（　　）制作的。

A．注射模　　B．压缩模　　C．挤出模

2．角式塑料注射机注射装置和合模装置的轴线呈（　　）排列。

A．一线　　B．垂直　　C．V形

3．我国塑料注射机制定的规格系列采用注射量表示法，是用塑料注射机的注射容量表示注射机的规格，即注射机以标准螺杆（常用普通型螺杆）注射时（　　）的理论注射量表示。

A．2/3　　B．80%　　C．100%

四、简答题

1．什么是塑料成型模具？

2．简述塑料注射机的工作原理。

3. 塑料注射机在开机前要做哪些准备工作？

4. 简述塑料注射机在开机运转过程中的安全操作规程。

5. 塑料注射机在停机时需要做哪些工作?

五、综合题

列举 2 ~3 个生产或生活中经常使用的塑料制件，说明它们由哪种塑料成型设备制成。

课题二　塑料成型模具的装配

一、填空题（将正确答案填写在横线上）

1. 塑料成型模具是型腔模具的一种，虽然成型的方式各有不同，但是从原理上都是使塑料经过________、流动、________三阶段成型为产品的。

2. 二板注射模开模时，动模后退，模具从__________分开，塑料制件包紧在_______上随动模部分一起向左移动而脱离凹模。同时，_______系统凝料在拉杆的作用下和塑料制件一起向左移动。

3. 塑料成型模具闭合后要求分型面____________。在有些情况下，动模和定模上的型芯也要求在_______后保持紧密接触。

4. 导柱、导套装配后，应保证动模板在_______和合模时都能灵活滑动，无卡滞现象。因此，加工时除保证导柱、导套和模板等零件间的_______要求外，还应保证动模板、定模板上导柱和导套安装孔的__________一致。

5. 注射模的分类方法有很多，按模具的型腔数目可分为__________和__________注射模；按分型面的数量可分为___型面和___型面或___型面注射模；按浇注系统的形式可分为_______浇注系统和__________浇注系统注射模。

6. 整体式型腔装配时，型腔与模板之间应保持_________ mm 的配合间隙，对非圆形型腔，在装配过程中应调整好位置。

二、判断题（正确的打“√”，错误的打“×”）

1. 带活动镶块注射模的优点是省去了斜导柱、滑块等复杂结构的设计和制造，模具结构简单，生产效率较高。（　）

2. 热流道注射模的缺点是模具成本高，对浇注系统和控温系统要求高，对制件形状和塑料有一定的限制。（　）

3. 对于压入式配合的型腔，其压入端一般不允许有斜度；如果需要，压入斜度设在模板孔入口处。（　）

4. 抽芯机构装配后，应保证滑块型芯与凸模达到所要求的配合间隙；滑块运动灵活，有足够的行程和正确的起止位置。（　）

5. 在模具闭合时，楔紧块斜面必须和滑块斜面均匀接触，并保证有足够的锁紧力。因此，在装配时要求在模具在闭合状态下分模面之间保留 1 mm 的间隙。（　）

三、选择题（将正确答案的代号填入括号内）

1. 当塑料制件有侧孔或侧凸要求时，模具上设有活动的侧向型芯或半块（哈夫块），这些部件必须在塑料制件脱模时连同塑料制件一起移出模外，然后通过手工或简单工具使它与塑料制件分离，这样的模具称为（　）。

A. 带活动镶块的注射模

B. 侧抽芯注射模

C. 自动卸螺纹注射模

2. 塑料成型模具总装调整后，其分型面处吻合面积不得小于（　），以防止产生飞边。

A. 40%　　B. 60%　　C. 80%

3. 浇口套与定模板的配合一般采用 H7/m6。要求装配后浇口套与模板配合孔紧密无缝隙，浇口套和模板孔的台肩紧密贴合，浇口套要（　）模板平面。

A. 低于　　B. 高于　　C. 平齐于

4. 推出机构装配时，推杆应在固定板孔内每边留（　）mm 的间隙。

A. 0.02~0.05　　B. 0.05~0.1　　C. 0.5

5. 推出机构装配时，推杆工作端面应高出型面（　　）mm。

A. 0.01~0.05　　B. 0.05~0.1　　C. 0.1~0.15

6. 推出机构装配时，复位杆的端面应低于型面（　　）mm。

A. 0.02~0.05　　B. 0.05~0.07　　C. 0.07~0.1

7. 在装配楔紧块时，修磨滑块斜面使其与楔紧块斜面密合，其修磨量为（　　）。

A. $b=(a+0.2)\sin\alpha$　　B. $b=(0.2-a)\sin\alpha$　　C. $b=(a-0.2)\sin\alpha$

8. 装配后模具安装平面的平行度误差不大于（　　）mm。

A. 0.03　　B. 0.05　　C. 0.08

9. 修磨滑块型芯，其修磨量为（　　），其中（0.05~0.1）mm 为滑块端面与型腔镶块 A 面之间的间隙。

A. $a-b-(0.05\sim0.1)$ mm

B. $(0.05\sim0.1)$ mm $-a-b$

C. $b-a-(0.05\sim0.1)$ mm

四、名词解释

1. 注射模

2. 侧抽芯注射模

3. 热流道注射模

五、简答题

1. 塑料注射成型工艺的特点是什么？

2．双分型面注射模与单分型面注射模相比有什么特点？

3．抽芯机构按功能划分可分为哪些组件？

4．带活动镶块注射模与侧抽芯注射模相比有什么特点？

5．注射模通常可以分成哪几个部分？

6．型芯在固定板上的常见固定方式有哪几种？

7．简述塑料成型模具的总装顺序。

课题三　塑料成型模具的安装、调试与维修

一、填空题（将正确答案填写在横线上）

1. 塑料成型模具在注射机上的安装与调试包括________、吊装与紧固、顶出距离调整、合模松紧程度的调整、模具配套部分的安装和试模。

2. 吊装模具时，模具长度与宽度方向尺寸相差较大时，使较长边与水平方向________可以有效地________导柱拉杆在开模时的负载，并将因模具重力而造成的导向件弹性变形控制在____________内。

3. 对于型腔表面有特殊要求的，如表面粗糙度值不大于 $Ra0.2$ μm 的光亮镜面表面，绝不能______________________，应用压缩空气吹拂，或用高级餐巾纸和高级脱脂棉蘸酒精轻轻擦抹，同时，型腔表面要________进行清洗，清洗时可采用醇类或酮类制剂，擦洗后要及时________。

4. 镶块一般以____________的方式镶入模体内，但模具长期使用后，接合缝易产生________与松动，使制件产生飞边，致使脱模困难。要从根本上解决问题，应更换镶块，重新________，以达到原来的尺寸。但应注意镶块材质与塑料成型模具基体一致或线膨胀系数接近。

5. 模具预热方法大致有两种：一是利用模具本身的____________，通入热水进行加热。二是外加热法，即将________________安装在模具外部，从外向内进行加热，这种方法加热快，但消耗量大。对中、小型模具，无须进行模具预热。

6. 使用注射模时，选用的注射量不能太大或太小。若________，则满足不了注射要求，制件难以成型；若________，则“大马拉小车”，有时会因合模力调节不当而使模具损坏，同时使效率降低。

7. 选择注射机时，应按________________、__________________、______________________、最大或最小模厚、模板行程、推出方式、推出行程、注射压力、合模力等各项进行核查，满足要求后方可安装及使用模具。同时，________________________也是正确使用模具的关键之一。

8. 模具在安装到压力机或注射机上时，一定要安装牢固，并在装机后进行____________，

观察其各部位动作____________，____________、____________是否到位，合模时分型面是否吻合严密，动、定模（凸、凹模）是否对正并配合正确，装模螺钉是否拧紧等。

9. 在模具临时停歇时，应将其________，以防止型腔、型芯等工作零件暴露在外而发生损伤。若停机超过__ h，要在型腔、型芯表面喷上__________或__________，待再开机使用时，擦干净后再使用。

10. 在试模过程中应详细记录，并将结果填入______________，注明模具是否合格。如需返修，应提出____________。在记录卡中应摘录________________及_________________，最好能附上注射成型的制件，以供参考。

二、判断题（正确的打“√”，错误的打“×”）

1. 模具带有液压油路接头、气动接头、热流道元件接线板时，应尽可能将其放置在非操作面侧面，以方便操作。（　　）

2. 注射机试模时，在开始注射时，原则上选择在高压、高温和较长的时间条件下成型。（　　）

3. 对黏度高和热稳定性差的塑料，采用较慢的螺杆转速和略低的背压加料及预塑。（　　）

4. 在每一个生产周期结束后，都应对加热器、冷却水道进行检测，保证其处于完好状态，并对抽芯机构进行检查与调整。（　　）

5. 操作者应经常观察模具结构的灵活性、滑动的顺畅性、复位的精确性，以防患于未然。（　　）

6. 模具在使用后，要按正确的拆装方式将其从机床上卸下，要轻拆轻放。使用后的模具，清点后直接入库存放。（　　）

7. 在生产中，若模具或设备发出异响或出现异常情况，要立即停机检查、修整。（　　）

8. 模具在使用过程中会产生正常的磨损或不正常的损坏。若毛病不是太大，可不必将模具从机床上卸下，应随机修整后继续使用。（　　）

9. 塑料成型模具同其他模具相比，结构一般更加复杂、精密，对操作和维护的要求也更高。（　　）

三、选择题（将正确答案的代号填入括号内）

1. 模具整体安装时，当模具定位圈装入注射机上定模板的定位圈座后，可以（　　）的速度合模，由动模板将模具轻轻压紧，然后装上压板。

A. 极快　　B. 极慢　　C. 中等

2. 模具紧固后，慢速开启模具，达到模座行程时，动模板停止后退，调节注射机顶杆顶出距离，使模具上推杆固定板和（　　）之间的间隙不小于5 mm，这样既能顶出塑料制件，又能防止损坏模具。

A. 动模板支承板　　B. 定模座板　　C. 定模

3. 注射成型时可选用高速和低速两种工艺。一般在制件壁薄而面积大时，采用（　　）速注射，而壁厚、面积小的塑料制件采用（　　）速注射。在高速和低速都能充满型腔的情况下，除玻璃纤维增强塑料外，均宜采用（　　）速注射。

A. 高　　　　　　　B. 低

4. 挤胀方法是指在离损伤部位（　　）mm 左右的地方用錾子敲击，使凹痕隆起，敲击点尽量离得远些，敲击范围大些，然后对隆起的部分用锉刀锉平，再用油石研磨、砂纸抛光。

A. 2　　　　　　　B. 3　　　　　　　C. 4

5. 分型面上型腔周边出现大面积磨损时，可采取将分型面磨去（　　）mm 厚度的方法进行修复，此时制件在开模方向上的尺寸将变小，如果不妨碍制件功能要求则可行，否则需同时修改型腔深度。

A. 0.05 ~0.1　　　　B. 0.1 ~0.2　　　　C. 0.2 ~0.4

四、简答题

1. 模具装配完成后，在交付生产前应进行试模，其目的是什么？

2. 试模的过程包括哪些阶段？

3. 型腔表面磨损后应如何进行修复？

4. 简述塑料成型模具咬伤的修复方法。

5. 塑料成型模具在使用过程中，经常出现推杆折断的现象，原因是什么？应如何解决？

6. 在生产过程中，型腔中可能会掉入异物，若掉入物为残余料则受损情况较轻；若掉入的是金属物，则会严重破坏型腔，尤其是对仿真纹面型腔或抛光面型腔，因此给修复带来困难。针对这种情况，应做好哪些预防工作？

五、综合题

1. 制定图 10—3—1 所示单分型面注射模的装配与调试工艺方案。

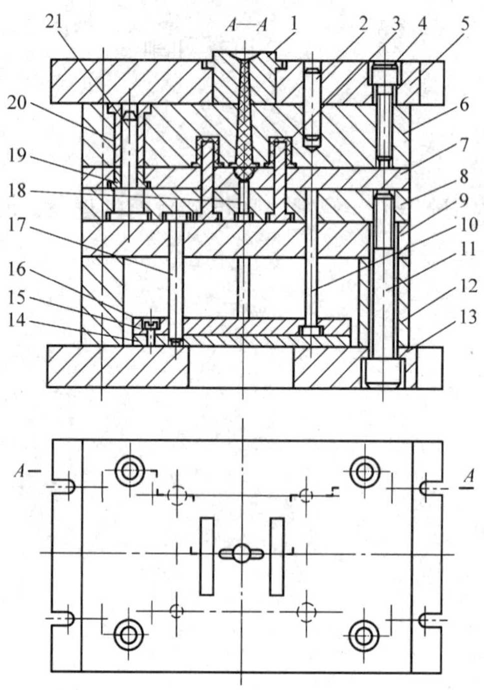

图 10—3—1

1—浇口套 2—定位销 3—型芯 4、11—内六角螺栓 5—定模板 6—型腔板 7—推件板 8—型芯固定板 9—支承板 10—推杆 12—垫块 13—动模固定板 14—推板 15—螺钉 16—推杆固定板 17、21—导柱 18—拉料杆 19、20—导套

2．结合生产实际制定注射模在图 10—3—2 所示卧式塑料注射机上的安装、调整及试模工艺方案。

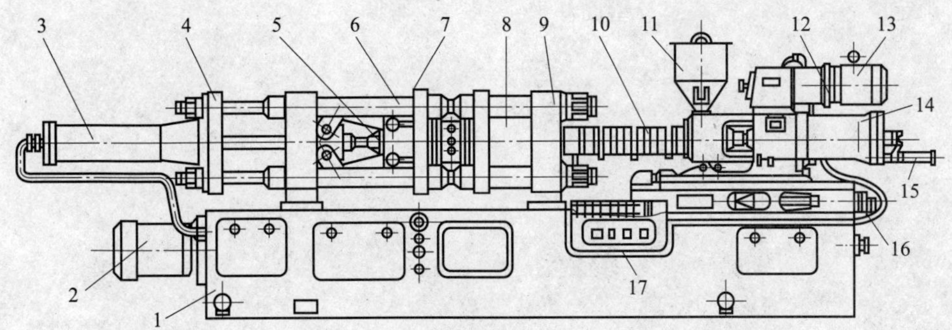

图 10—3—2

1—机身　2—液压系统用电动机　3—合模液压缸　4、9—固定模板　5—合模机构　6—拉杆　7—移动模板　8—成型模具　10—料筒、螺杆和电加热装置　11—料斗　12—传动减速箱　13—电动机　14—注射用液压缸　15—计量装置　16—注射座移动液压缸　17—操作台